新一代信息技术（网络空间安全）高等教育丛书

丛书主编：方滨兴　郑建华

密码分析学

主　编◎郑建华　陈少真

副主编◎徐　洪　程庆丰　段　明　任炯炯

科学出版社

北 京

内 容 简 介

深刻理解密码分析方法是从事密码理论研究与网络安全应用的基础.
本书全面讲解密码分析的基本理论,在阐述各种密码分析理论的同时,以
分析案例过程为牵引,详细阐释分析方法.主要内容包括:序列密码分析、
分组密码分析、公钥密码分析和杂凑函数分析.在编写本书过程中,编者力
求概念清晰、论证严谨、讲解透彻、实例选择典型.此外,本书还介绍了近
年来密码分析发展的新成果,如自动化分析和基于格的密码分析方法等,
使全书内容更加丰富,更加具有前沿性和实践性.为使读者更好地掌握密
码分析方法,本书在每部分内容后提供丰富的理论和实践习题,还提供相
应的参考文献便于读者拓展学习.

本书可作为高等院校网络空间安全、信息安全和计算机等专业的本科
生的密码分析学教材,也可作为从事密码理论和方法研究的科研人员的参
考书.

图书在版编目(CIP)数据

密码分析学 / 郑建华,陈少真主编. —— 北京:科学出版社,2024. 6.
ISBN 978-7-03-078692-0

I. TN918.1

中国国家版本馆 CIP 数据核字第 2024R459G6 号

责任编辑:张中兴 梁 清 孙翠勤 / 责任校对:杨聪敏
责任印制:吴兆东 / 封面设计:有道设计

科学出版社 出版

北京东黄城根北街 16 号
邮政编码:100717
http://www.sciencep.com

涿州市般润文化传播有限公司印刷
科学出版社发行 各地新华书店经销

*

2024 年 6 月第 一 版 开本:720×1000 1/16
2024 年 12 月第二次印刷 印张:13
字数:262 000
定价:59.00 元
(如有印装质量问题,我社负责调换)

丛书编写委员会

丛 书 序

网络空间安全已成为国家安全的重要组成部分, 也是现代数字经济发展的安全基石. 随着新一代信息技术发展, 网络空间安全领域的外延、内涵不断拓展, 知识体系不断丰富. 加快建设网络空间安全领域高等教育专业教材体系, 培养具备网络空间安全知识和技能的高层次人才, 对于维护国家安全、推动社会进步具有重要意义.

2023 年, 为深入贯彻党的二十大精神, 加强高等学校新兴领域卓越工程师培养, 战略支援部队信息工程大学牵头组织编写 "新一代信息技术 (网络空间安全) 高等教育丛书". 本丛书以新一代信息技术与网络空间安全学科发展为背景, 涵盖网络安全、系统安全、软件安全、数据安全、信息内容安全、密码学及应用等网络空间安全学科专业方向, 构建 "纸质教材 + 数字资源" 的立体交互式新型教材体系.

这套丛书具有以下特点: 一是系统性, 突出网络空间安全学科专业的融合性、动态性、实践性等特点, 从基础到理论、从技术到实践, 体系化覆盖学科专业各个方向, 使读者能够逐步建立起完整的网络安全知识体系; 二是前沿性, 聚焦新一代信息技术发展对网络空间安全的驱动作用, 以及衍生的新兴网络安全问题, 反映网络空间安全国际科研前沿和国内最新进展, 适时拓展添加新理论、新方法和新技术到丛书中; 三是实用性, 聚焦实战型网络安全人才培养的需求, 注重理论与实践融通融汇, 开阔网络博弈视野、拓展逆向思维能力, 突出工程实践能力提升. 这套 "新一代信息技术 (网络空间安全) 高等教育丛书" 是网络空间安全学科各专业学生的学习用书, 也将成为从事网络空间安全工作的专业人员和广大读者学习的重要参考和工具书.

最后, 这套丛书的出版得到网络空间安全领域专家们的大力支持, 衷心感谢所有参与丛书出版的编委和作者们的辛勤工作和无私奉献. 同时, 诚挚希望广大读者关心支持丛书发展质量, 多提宝贵意见, 不断完善提高本丛书的质量.

方滨兴

2024 年 6 月

序　言

密码学分为密码编码学和密码分析学, 两者是矛与盾的关系, 相互对立, 相互促进, 共同推动密码学的发展. 深刻理解密码分析方法是高水平从事密码理论研究与网络安全应用的基础. 密码体制安全性分析是一个相当复杂的问题, 一种分析方法可以适用于不同算法的分析, 一个算法可以有多种分析方法.

目前, 密码分析学作为网络安全专业的核心课程之一, 已走进大学课堂, 是培养高水平密码与网络安全专业人才的重要基础课程. 近些年密码分析理论有了长足的发展, 有关密码分析的成果大多散落在国内外与密码学相关的学术会议论文集上, 全面讲述密码分析方法的教材并不多见, 现有教材或是偏重于密码分析的某些方向, 或是集中在某类密码算法的分析, 但能够全面讲解密码分析理论和方法、适合网络空间安全专业的密码分析教材较少.

《密码分析学》是战略支援部队信息工程大学经过多年的科研和教学积累编写而成的. 教材全面讲解密码分析的基本理论, 在阐述各种密码分析理论的同时, 以分析案例过程为牵引, 详细阐释序列密码、分组密码、公钥密码和杂凑函数的分析方法. 在编写本书过程中, 编者力求概念清晰、论证严谨、讲解透彻、实例选择典型. 此外, 本书介绍近些年密码分析发展的最新成果, 如自动化分析和基于格的密码分析方法等, 使全书内容更加丰富, 更加具有前沿性和实践性. 为使读者更好地掌握密码分析方法, 该书在章节后提供丰富的习题, 是一部非常适合网络安全专业的优秀的密码分析本科教材, 将对我国网络安全人才的培养起到很好的作用.

本书可作为网络空间安全、信息安全和计算机等专业的本科生的密码分析学教材, 也可作为从事密码理论和方法研究的科研人员的参考书.

沈昌祥

2024 年 3 月

前　言

随着网络技术的飞速发展, 网络空间已成为与陆、海、空、天并列的第五维空间领域. 伴随网络空间安全一级学科的设置, 网络空间安全人才的培养受到广泛关注. 密码学作为网络空间安全的理论基础和重要组成, 在网络空间安全人才培养中发挥了核心的作用, 已经成为国家安全、国防安全和国计民生安全不可或缺的科技支撑. 深刻理解密码分析方法是从事密码理论研究与网络安全应用的基础.

本书系统阐述密码分析的基本理论, 不仅介绍经典的分析方法, 而且还紧跟密码分析发展的前沿, 将新知识、新技术融入教材知识体系. 本书的编写力求表达清晰, 兼顾理论性与实践性, 通过介绍大量算法安全性分析案例, 强化读者对密码分析思想的掌握与应用. 为使读者更好地掌握密码分析方法, 本书在章节后提供丰富的理论和实践习题.

本书分为四部分, 共十七章. 其中带 * 号的章节可作为知识拓展内容.

第一部分为第 1 章—第 4 章, 讲解序列密码的主要分析方法, 内容包括相关攻击、代数攻击和立方攻击; 第二部分为第 5 章—第 9 章, 讲解分组密码主要分析方法, 内容包括差分分析、线性分析、自动化分析, 以及不可能差分分析、零相关线性分析和积分分析; 第三部分为第 10 章—第 14 章, 讲解公钥密码的主要分析方法, 内容包括 RSA 密码分析、Elgamal 密码分析、椭圆曲线密码分析和 NTRU 密码分析; 第四部分为第 15 章—第 17 章, 讲解杂凑函数的主要分析方法, 内容包括杂凑函数的碰撞攻击、原像攻击和第二原像攻击.

在本书的编写过程中, 很多同事给予鼓励, 指出编写和排版方面的一些错误, 在此表示感谢! 特别感谢陈克非教授和戚文峰教授等, 对本书的编写给予建议. 感谢校院领导和机关给予的支持.

由于水平有限, 书中不足之处在所难免, 希望读者不吝批评指正.

作　者
2024 年 1 月

目　　录

第二部分 分组密码分析

第三部分　公钥密码分析

第四部分　杂凑函数分析

第一部分 *Part 1*

序列密码分析

　　序列密码 (stream cipher) 是密码领域应用最早也是应用最广泛的密码学分支之一. 1917 年, Vernam 提出的 Vernam 密码就给出了序列密码的雏形, 20 世纪 50 年代, 数字电路技术的发展推动了基于线性反馈移位寄存器的序列密码在军事、政治等各领域保密通信中的广泛应用. 1969 年以来, 密码界先后提出了非线性组合、非线性过滤、钟控等线性反馈移位寄存器的非线性改造模型. 20 世纪 80 年代到 21 世纪初, 相关攻击和代数攻击技术的发展对基于线性反馈的序列密码提出了新的威胁和挑战. 2005 年, eSTREAM 计划的启动掀开了基于非线性反馈移位寄存器的序列密码应用的新篇章, 以立方攻击为代表的新型序列密码分析方法对这类序列密码算法呈现了较强的攻击能力.

　　本部分先简要介绍序列密码概况, 再针对基于线性反馈的序列密码介绍相关攻击和代数攻击的基本原理和应用实例, 并针对基于非线性反馈的序列密码介绍立方攻击方法的基本原理和应用实例.

第 1 章

序列密码概述

序列密码[1,2], 也称流密码, 是密码学中最重要的分支之一, 它因为加解密速度快, 安全强度高, 在军事、外交、政府以及商业的通信安全领域, 发挥着极为重要的作用. 比如, 移动通信加密用的 A5/1[3]、SNOW 3G[4] 和 ZUC[5] 算法, 蓝牙加密用的 E0 算法[6], 网络数据加密用的 RC4[7]、Chacha[8] 算法等都是序列密码算法.

常用的序列密码算法多为同步序列密码 (synchronous stream cipher), 即密钥序列产生算法与明文 (密文) 无关, 所产生的密钥序列也与明文 (密文) 无关. 用来产生密钥序列的装置 (算法) 称为密钥流发生器, 产生的密钥序列与明文序列 (密文序列) 异或得到密文序列 (明文序列), 其加解密示意图如图 1.1, 这样的序列密码也称为加法同步序列密码. 对于同步序列密码, 只要通信双方的密钥序列产生器具有相同的种子密钥和相同的初始状态, 就能产生相同的密钥序列. 为了确保系统的安全性, 产生的密钥序列必须具有好的伪随机特性, 比如具有长周期、好的统计特性和较高的线性复杂度等, 这样的序列称为伪随机序列.

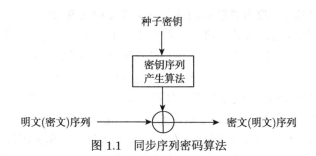

图 1.1　同步序列密码算法

线性递归是产生伪随机序列的最直接的方式, 它可以通过相应的线性反馈移位寄存器 (LFSR) 来快速产生. 由它产生的周期达到最大的序列称为 m 序列. 该序列具有良好的统计特性, 满足 Golomb[2] 提出的三条随机性假设. 因其伪随机性质优良, 生成方式简捷, 从 20 世纪初开始, m 序列被广泛应用于通信、编码、密码等各个领域.

线性复杂度刻画了能够生成给定序列的最短的线性反馈移位寄存器的长度. 利用著名的 Berlekamp-Massey 综合算法[9] 只需要两倍于线性复杂度的连续比特就可以在多项式时间内恢复出全部的序列. 针对线性结构的 Berlekamp-Massey 算法的出现使得 m 序列由于线性复杂度太低而受到威胁, 此后许多序列设计者选择 m 序列作为密钥源, 通过对 m 序列进行非线性改造来得到安全的非线性序列. 钟控、非线性组合和非线性过滤是对 m 序列进行非线性改造的三种主要方式[1-2].

AES[10]、NESSIE[11]、ECRYPT[12]、SHA-3[13]、CAESAR[14] 等重大国际密码计划的实施大大推动了密码学的发展. 尤其是 2000 年启动的欧洲 NESSIE 计划和 2004 年启动的欧洲 eSTREAM 计划极大地推动了国际序列密码算法设计和分析的发展.

NESSIE 计划中征集到了 LILI-128、SNOW、SOBER 等 6 个序列密码算法, 然而它们都因为不符合 NESSIE 的征集准则而最终全部落选, 这也直接导致了之后 ECRYPT 计划及序列密码专门计划 eSTREAM 的启动[15,16]. NESSIE 计划中序列密码候选算法的设计与分析, 一方面反映出 2000 年前后国际上序列密码设计思想的局限性, 另一方面暴露了从线性序列变换到非线性序列的传统设计模式的安全隐患, 促进了相关攻击[17-19] 和代数攻击[20-21] 的发展. 各国密码学者逐渐达成共识, 序列设计中应该直接选用具有良好伪随机性质的非线性序列源. 以 eSTREAM 计划胜出算法 Trivium[15]、Grain[16] 等为代表的新一代公开序列密码算法, 标志着非线性驱动和非线性迭代已成为国际序列密码设计的主流方向, 并且它们也将成为未来国际序列密码分析的主要焦点.

在密码分析学中, 柯克霍夫 (Kerckhoffs) 准则指出密码系统的安全性应该仅依赖于密钥. 根据攻击者所掌握的信息从弱到强, 可将密码攻击分为以下几类.

(1) 唯密文攻击: 攻击者仅从截获的密文恢复明文或密钥.

(2) 已知明文攻击: 攻击者拥有一些明密文对, 由此恢复明文或密钥.

(3) 选择明文攻击: 攻击者能够获得任意选择的明文所对应的密文.

(4) 选择密文攻击: 攻击者能够对任意选择的密文得到其对应的明文.

对序列密码的攻击一般是指在已知明文条件假设下的攻击. 由于密钥流是明文字符流和密文字符流的异或, 可以认为已知一定量的密钥流序列.

按照攻击强度分, 序列密码攻击方法可分为区分攻击和密钥恢复攻击两大类. 区分攻击的目的是将密钥流序列和一条真正的随机序列区分开. 目前, 已经有不少著名的序列密码被证明是不能抵抗区分攻击的, 比如 SNOW、SOBER 等. 密钥恢复攻击目的是恢复出私钥或初始化状态, 是密码分析的最终目标. 通常的攻击方法有相关攻击、代数攻击、差分分析、时空折中、猜测确定攻击等. 本部分主要介绍序列密码的相关攻击、代数攻击和立方攻击.

相关攻击[17-19] 和代数攻击[20-21] 是序列密码领域两种重要的密钥恢复攻击方

法, 对采用线性反馈结构的序列密码算法如 LILI-128 算法[22] 等都有很好的攻击效果[20-21,23]. 相关攻击利用密钥流序列和 LFSR 序列的相关性, 建立密钥序列和寄存器初态之间的线性关系, 然后利用恰当的译码算法恢复初态. 而代数攻击的基本思想是建立以私钥比特为变元的大的多变元非线性方程组, 然后解该非线性方程组以获取私钥 (或私钥部分比特).

代数攻击总体的思想和方法具有一般性, 使得其对公钥密码, 分组密码和序列密码都可能构成潜在威胁. 代数攻击早期应用于一些公钥密码体制的分析[24], 如 HFE. 对一些分组密码体制, 如 Rijndael、Serpent、Camellia 等, 利用其 S 盒的代数结构, 也得到了低次超定方程组, 从而也可以进行代数攻击[25-26]. 序列密码因其产生密钥流的特点, 更容易得到超定的方程组.

2003 年欧密会 (Eurocrypt) 上, Courtois 和 Meier[20] 针对基于 LFSR 的序列密码给出了构造低次方程的通用方法, 降低了代数攻击中求解非线性方程组的复杂度, 给出了对 Toyocrypt、LILI-128 等算法有效的代数攻击. 2003 年美密会 (Crypto) 上, Courtois[21] 提出了快速代数攻击, 利用布尔函数可能具有的 "双甲板" 结构和已知的连续密钥流比特, 进一步降低了方程的次数和解方程组的计算复杂度.

2009 年欧密会上, Dinur 和 Shamir[27] 将代数攻击与高阶差分攻击技术相结合, 提出了针对黑盒多项式的立方攻击的一般模型, 并给出了对初始化轮数为 672, 735 和 767 的减轮 Trivium 算法的立方攻击. 随后密码学者给出了对更高轮数的 Trivium 算法和 Grain 系列算法的立方攻击[28-31].

第 2 章

序列密码的相关攻击

相关攻击是最重要的密钥恢复攻击之一, 最初由 Siegenthaler[17] 在 1985 年针对 LFSR 的非线性组合生成器提出. 假设攻击者能找到一个非线性组合生成器的某条 LFSR 序列和密钥流序列的相关性 (符合率大于 0.5), 那么他就可以由已知的密钥流序列, 利用该相关性独立地恢复出该 LFSR 的初态而无需考虑其他 LFSR. 同理, 如果攻击者分别找到其他 LFSR 序列和密钥流序列的相关性, 就可以分别独立地恢复出这些 LFSR 的初态. 设组合生成器各 LFSR 的级数分别为 l_i, $1 \leqslant i \leqslant n$, 直接穷举所有初态的计算复杂度为 $\prod_{j=1}^{n} (2^{l_j} - 1)$, 而利用相关性进行分割攻击的复杂度将降为 $\sum_{j=1}^{n} (2^{l_j} - 1)$.

在 Siegenthaler 的相关攻击过程中, 需要对相关的 LFSR 的初态进行穷尽搜索找出真正的初态. 对此, Meier 和 Staffelbach 进行改进, 利用线性码译码方法, 提出了两个快速相关攻击算法 [18-19], 该算法对反馈多项式是低重多项式的 LFSR 的非线性改造模型比较有效. 快速相关攻击的实现过程可分为两步. 首先, 建立奇偶校验方程, 然后, 利用一个快速译码算法恢复出所传输的码字, 也就恢复了 LFSR 的初态. 在 Meier 和 Staffelbach 的开创性工作之后, 出现了许多对于快速相关攻击的改进性工作 [32-40].

相关攻击和快速相关攻击自 20 世纪 80 年代中期出现后, 一直是密码分析领域研究的热点. 目前快速相关攻击的发展远远不再局限于非线性组合生成器模型. 对带记忆组合生成器、非线性过滤生成器、钟控生成器都可能进行有效的快速相关攻击. 事实上, 对基于 LFSR 设计的序列密码, 如果能找到密钥流序列和 LFSR 序列的相关性, 都可能进行有效的快速相关攻击. 例如 NESSIE 候选算法 LILI-128[23] 和 eSTREAM 候选算法 ABC[41-42] 就是因为不能有效抵抗相关攻击而未能通过阶段性评测.

本章主要介绍基本相关攻击、快速相关攻击及其改进的基本原理和方法.

2.1 基本相关攻击

本节考虑对非线性组合生成器模型 (图 2.1) 的基本相关攻击. 设 $\underline{a}_1, \cdots,$ $\underline{a}_n$ 分别是 n 个线性反馈移位寄存器 LFSR1, $\cdots$, LFSRn 的输出序列, 它们经非线性组合函数 $f(x_1, x_2, \cdots, x_n)$ 输出密钥流序列 $\underline{z} = f(\underline{a}_1, \underline{a}_2, \cdots, \underline{a}_n)$.

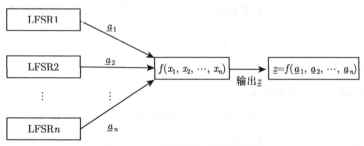

图 2.1 非线性组合生成器模型

已知各寄存器的特征多项式 $g_i(x)$, 非线性组合函数 $f(x_1, x_2, \cdots, x_n)$ 和该生成器的前 N 比特输出 $z_0, z_1, \cdots, z_{N-1}$, 攻击者的目标是求取各寄存器的初态.

不妨假设输出序列 $\underline{z}$ 与某条 LFSR 序列 $\underline{u} = \underline{a}_i$ 具有相关性, 并且 $\underline{z}$ 和 $\underline{u}$ 之间的相关概率 $p = \text{Prob}(z_t = u_t) > 0.5$. 并且设 $\underline{u}$ 是一条 l 级 LFSR 序列, 特征多项式为 $g(x)$, 攻击者的目标是求取序列 $\underline{u}$ 的初态. 例如对如图 2.2 所示的 Geffe 生成器, 非线性组合函数 $f(x_1, x_2, x_3) = x_1 x_2 \oplus x_2 x_3 \oplus x_3$. 直接计算知, $\text{Prob}(f(x_1, x_2, x_3) = x_1) = 3/4$, 故有 $\text{Prob}(z_t = a_t) = 3/4$, 即序列 $\underline{z}$ 和 $\underline{a}$ 的相关概率 $p = 3/4$.

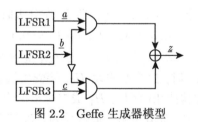

图 2.2 Geffe 生成器模型

对于前述非线性组合生成器模型, 若输出序列 $\underline{z}$ 与某条 LFSR 序列 $\underline{u}$ 之间的相关概率 $p = \text{Prob}(z_t = u_t) > 0.5$, 则针对该目标 LFSR 的相关攻击的基本原理和方法如下:

(1) 穷举 $\underline{u}$ 的所有可能初态 $(\hat{u}_{l-1}, \cdots, \hat{u}_1, \hat{u}_0)$, 由它产生 N 长序列段 $\hat{\underline{u}} = (\hat{u}_0, \hat{u}_1, \cdots, \hat{u}_{N-1})$, 并统计序列段 $\hat{\underline{u}}$ 和 $\underline{z}$ 对应比特相同的个数 β.

(2) 由于密钥流序列 $\underline{z}$ 和目标 LFSR 序列 $\underline{u}$ 之间具有相关性, 当 $(\hat{u}_{l-1}, \cdots, \hat{u}_1,$ $\hat{u}_0)$ 为正确初态时, 序列段 $\underline{z}$ 和 $\underline{\hat{u}}$ 对应比特相同的概率为 p, 从而 β 服从均值为 Np、方差为 $Np(1-p)$ 的二项分布 $B(p, 1-p)$; 而当 $(\hat{u}_{l-1}, \cdots, \hat{u}_1, \hat{u}_0)$ 为错误初态时, 序列段 $\underline{z}$ 和 $\underline{\hat{u}}$ 对应比特相同的概率为 $1/2$, 从而 β 服从均值为 $N/2$、方差为 $N/4$ 的二项分布 $B(1/2, 1/2)$. 将 β 作为检验统计量, 可以用如下的假设检验方法判断出正确的初态.

统计量 β 的置信区间和数据量 N 的值由犯两类错误的概率确定, 具体分析见下文.

2.1.1 假设检验原理

下面考虑一般化的假设检验模型.

设 ξ, η 为两个二元随机变量, 相关概率为 $\mathrm{Prob}(\xi = \eta) = p > 1/2$, 即 $\mathrm{Prob}(\xi \oplus \eta = 0) = p, \mathrm{Prob}(\xi \oplus \eta = 1) = 1 - p$. 已知 ξ 和 η 的 N 个样本点 $\xi_1, \xi_2, \cdots, \xi_N$(表示 LFSR 序列 $\underline{u}$ 的 N 个比特 $u_0, u_1, \cdots, u_{N-1}$, 可以是任意时刻的连续 N 个比特) 和 $\eta_1, \eta_2, \cdots, \eta_N$(表示 N 个已知的密钥流比特 $z_0, z_1, \cdots, z_{N-1}$), 需要判断 $\xi \oplus \eta$ 是否服从偏差 $\varepsilon = p - 1/2$ 的二项分布 (即相应的初态为正确初态, 此时 $\xi \oplus \eta$ 等于 0 或 1 的概率分别为 p 和 $1 - p$).

选定如下两个统计假设:

H_0: $\xi \oplus \eta$ 服从均匀二项分布. (对应错误初态)

H_1: $\xi \oplus \eta$ 服从偏差 $\varepsilon = p - 1/2$ 的二项分布. (对应正确初态)

记 β 为 $\{(\xi_i, \eta_i) | i = 1, 2, \cdots, N\}$ 中 $\xi_i \oplus \eta_i = 0$ 的个数 (即 ξ_i 和 η_i 对应比特相同的个数). 当假设 H_0 成立时, β 服从均值为 $m_0 = N/2$、方差为 $\sigma_0^2 = N/4$ 的二项分布 $B(1/2, 1/2)$; 当假设 H_1 成立时, β 服从均值为 $m_1 = Np$、方差为 $\sigma_1^2 = Np(1-p)$ 的二项分布 $B(p, 1-p)$. 当 N 充分大时, 根据中心极限定理, 它们可以分别用正态分布 $N(m_i, \sigma_i^2)$ 来近似, 其中 $i = 0, 1$.

显然, 当备选假设 H_1 成立 (正确初态) 时统计量 β 取值较大, 因此可以选定门限值, 使得当 $\beta > \beta_{\mathrm{thr}}$ 时, 拒绝原假设 H_0, 接受备选假设 H_1. 由于我们期望正确初态以较大的可能性被检出 (即当 H_1 成立时不拒绝 H_0 的概率不能太大, 实际为犯第二类错误的概率), 而错误初态被接受为正确初态的概率尽可能小 (即当 H_0 成立时拒绝 H_0 的概率尽可能小, 实际为犯第一类错误的概率). 因此, 我们可以选择显著性水平 α, 使得当 H_1 成立时不拒绝 H_0 (即 $\beta \leqslant \beta_{\mathrm{thr}}$) 的概率不超过 α, 即确定 $k(\alpha)$, 使得

$$\mathrm{Prob}\left(\frac{\beta - m_1}{\sigma_1} < k(\alpha) \,\middle|\, H_1\right) \leqslant \alpha,$$

并由此给出门限值 $\beta_{\mathrm{thr}} = m_1 + k(\alpha)\sigma_1 = Np + k(\alpha)\sqrt{Np(1-p)}$, 其中 $k(\alpha)$ 是只与显著性水平 α 有关的实数, 可以通过查标准正态分布表获得, 例如: 当 $\alpha = 0.05$ 时, $k(\alpha) = -1.65$; 当 $\alpha = 0.001$ 时, $k(\alpha) = -3.10$; 而当 $\alpha = 0.0001$ 时, $k(\alpha) = -3.72$.

上述假设检验过程中, 当 H_1 成立时 "接受" H_0 的概率不超过 α, 即当 $(\hat{u}_{l-1}, \cdots, \hat{u}_1, \hat{u}_0)$ 是正确初态时, 拒绝 $(\hat{u}_{l-1}, \cdots, \hat{u}_1, \hat{u}_0)$ 的概率 ("弃真" 概率) 为 $P_m = \mathrm{Prob}(\beta < \beta_{\mathrm{thr}} | H_1) \leqslant \alpha$. 故只要保证 α 足够小, 则上述算法遗漏正确初态的概率可以充分小.

另一方面, 当 H_0 成立时拒绝 H_0, 即当 $(\hat{u}_{l-1}, \cdots, \hat{u}_1, \hat{u}_0)$ 是错误初态时接受 $(\hat{u}_{l-1}, \cdots, \hat{u}_1, \hat{u}_0)$ 的概率 ("取伪" 概率) 为

$$P_f = \mathrm{Prob}(\beta \geqslant \beta_{\mathrm{thr}} | H_0) = \frac{1}{\sqrt{2\pi}} \int_{(\beta_{\mathrm{thr}} - m_0)/\sigma_0}^{\infty} \mathrm{e}^{-x^2/2} \mathrm{d}x.$$

由于

$$\frac{1}{\sqrt{2\pi}} \int_t^{\infty} \mathrm{e}^{-x^2/2} \mathrm{d}x < \frac{\mathrm{e}^{-t^2/2}}{2}, \quad t \geqslant 0,$$

故有

$$P_f < \frac{1}{2} \mathrm{e}^{-(\beta_{\mathrm{thr}} - m_0)^2/(2\sigma_0^2)}.$$

记 $\varepsilon = p - 1/2$, 则 $\beta_{\mathrm{thr}} = N(\varepsilon + 1/2) + k(\alpha)\sqrt{N\left(\frac{1}{4} - \varepsilon^2\right)}$, 从而

$$P_f < \frac{1}{2} \mathrm{e}^{-(\beta_{\mathrm{thr}} - m_0)^2/(2\sigma_0^2)} = \frac{1}{2} \mathrm{e}^{-\left(2\varepsilon\sqrt{N} + k(\alpha)\sqrt{1-4\varepsilon^2}\right)^2/2} \approx \frac{1}{2} \mathrm{e}^{-2\varepsilon^2 N}.$$

若希望接收的错误初态的个数 $(2^l P_f)$ 小于等于 1, 则密钥流长度 N 近似有下界

$$N \geqslant \frac{l \ln 2}{2\varepsilon^2}, \tag{2.1.1}$$

其中 $\varepsilon = p - 1/2$.

2.1.2 相关攻击步骤

由上面的分析可以给出基本相关攻击的一般步骤如下:

步骤 1 选定显著性水平 α, 计算实数 $k(\alpha) < 0$, 使得

$$\mathrm{Prob}\left(\frac{\beta - m_1}{\sigma_1} < k(\alpha) \,\middle|\, H_1\right) \leqslant \alpha,$$

并计算门限值 $\beta_{\text{thr}} = Np + k(\alpha)\sqrt{NP(1-p)}$.

步骤 2 穷举 $\underline{u}$ 的 2^l 个可能的初态 $(\hat{u}_{l-1}, \cdots, \hat{u}_1, \hat{u}_0)$, 对由每个初态产生的 N 长序列 $\hat{\underline{u}} = (\hat{u}_0, \hat{u}_1, \cdots, \hat{u}_{N-1})$, 计算 $\hat{\beta} = N - \sum\limits_{i=0}^{N-1}(\hat{u}_i \oplus z_i)$. 若 $\hat{\beta} \geqslant \beta_{\text{thr}}$, 则接受 $(\hat{u}_{l-1}, \cdots, \hat{u}_1, \hat{u}_0)$; 否则, 拒绝 $(\hat{u}_{l-1}, \cdots, \hat{u}_1, \hat{u}_0)$.

- **复杂度分析**

因为要猜测 2^l 个状态, 对每个状态要生成 N 长的比特与已知密钥流进行比较, 所以计算复杂度为 $O(2^l N)$, 而需要的密钥流长度 N 近似有下界 $N \geqslant \dfrac{l\ln 2}{2\varepsilon^2}$, $\varepsilon = p - 1/2$.

- **译码等价模型**

事实上, 相关攻击可以看作无记忆二元对称信道 (BSC) 上纠错码的译码问题 (图 2.3). 在译码模型中, N 长 LFSR 序列 $\underline{u}$ 看作 $[N,l]$ 线性分组码的一个码字, 码率为 $R = l/N$. 已知序列 $\underline{z}$ 看作码字 $\underline{u}$ 通过错误概率为 $1-p$ 的噪声信道传输后收到的含错码字. 因此, 许多经典的译码算法常常被用来进行相关攻击.

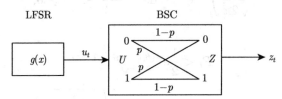

图 2.3　相关攻击的噪声信道模型

由香农 (Shannon) 噪声信道编码基本定理知, 错误概率为 p 的噪声信道 BSC(p) 能够唯一译码的最小码长 $N_0 = l/C(p)$, 其中 $C(p) = 1 + p\log_2 p + (1-p)\log_2(1-p)$ 为信道容量, 注意到 $C(p) \approx \varepsilon^2 \cdot 2/(\ln 2)$, 故 (2.1.1) 式给出的 N 的下界 $\dfrac{l\ln 2}{2\varepsilon^2} \approx l/C(p)$, 这恰好是 Shannon 信道编码定理所给的码长下界. 值得注意的是, 相关攻击所能利用的相关概率往往非常接近 0.5, 而实际通信中的信道错误概率通常较小.

2.2　快速相关攻击

在 Siegenthaler 的相关攻击过程中, 需要对目标 LFSR 的初态进行穷尽搜索找出真正的初态, 这样的攻击对非线性过滤生成器模型目标 LFSR 级数较大的非线性组合生成器模型失效. 对此, Meier 和 Staffelbach[18,19] 利用线性码译码方法, 提出了两个快速相关攻击算法.

同 2.1 节, 假定输出密钥流序列 $\underline{z}$ 与某条 LFSR 序列 $\underline{u}$ 之间存在相关性, 即概率

$$p = \text{Prob}(z_t = u_t) > 0.5.$$

设该 LFSR 的特征多项式为 $g(x)$, 次数为 l, 假定攻击者已知 N 长的密钥流序列 $(z_0, z_1, \cdots, z_{N-1})$, 目标是恢复该 LFSR 的初态.

本节介绍 Meier 和 Staffelbach 给出的快速相关攻击算法. 快速相关攻击的实现过程可分为两步: 先建立奇偶校验方程, 然后利用一个快速译码算法恢复出所传输的码字, 也就恢复了 LFSR 的初态.

2.2.1 奇偶校验方程的产生

Meier 和 Staffelbach 的快速相关攻击方法应用了由 LFSR 的特征多项式 $g(x)$ 及其 2^k 次幂产生的某些特定的奇偶校验方程.

步骤 1 利用 LFSR 的特征多项式直接产生校验方程.

设 $g(x)$ 的汉明 (Hamming) 重量为 $t+1$, 即

$$g(x) = 1 + x^{j_1} + x^{j_2} + \cdots + + x^{j_t},$$

其中 $1 \leqslant j_1 < j_2 < \cdots < j_t = l$. 则 LFSR 的输出序列 $\underline{u}$ 满足递推关系

$$u_i \oplus u_{i+j_1} \oplus \cdots \oplus u_{i+j_{t-1}} \oplus u_{i+j_t} = 0, \quad i \geqslant 0.$$

由此可见, 序列 $\underline{u}$ 的每个比特 u_i 都可以表示为其他 t 个比特的线性和, 并且根据 u_i 所在位置的不同, 有 $t+1$ 种不同的表示方法:

$$\begin{cases} u_i \oplus u_{i+j_1} \oplus \cdots \oplus u_{i+j_{t-1}} \oplus u_{i+j_t} = 0, \\ u_{i-j_1} \oplus u_i \oplus \cdots \oplus u_{i-j_1+j_{t-1}} \oplus u_{i-j_1+j_t} = 0, \\ \qquad \cdots\cdots \\ u_{i-j_t} \oplus u_{i+j_1-j_t} \oplus \cdots \oplus u_{i+j_{t-1}-j_t} \oplus u_i = 0. \end{cases}$$

上述方程称为 u_i 的奇偶校验方程.

从上面的分析可以看出, 对于序列 $\underline{u}$ 的每个特征多项式 $g(x)$, 近似可以得到关于 u_i 的 W_{t+1} 个奇偶校验方程.

步骤 2 利用 LFSR 特征多项式的 2^k 次幂产生校验方程.

再考虑 $g(x)$ 的形如 $g(x)^{2^k}$ 的倍式. 由于

$$g(x)^{2^k} = g\left(x^{2^k}\right) = 1 + x^{2^k j_1} + x^{2^k j_2} + \cdots + x^{2^k j_t},$$

其重量仍然等于 $t+1$. 类似于上面的方法, 对每个 $k \geqslant 0$, 可以建立如下关于 u_i 的校验方程:

$$
\begin{cases}
u_i \oplus u_{i+2^k \cdot j_1} \oplus \cdots \oplus u_{i+2^k \cdot j_{t-1}} \oplus u_{i+2^k \cdot j_t} = 0, \\
u_{i-2^k \cdot j_1} \oplus u_i \oplus \cdots \oplus u_{i-2^k \cdot j_1 + 2^k \cdot j_{t-1}} \oplus u_{i-2^k \cdot j_1 + 2^k \cdot j_t} = 0, \\
\qquad \cdots\cdots \\
u_{i-2^k \cdot j_t} \oplus u_{i+2^k \cdot j_1 - 2^k \cdot j_t} \oplus \cdots \oplus u_{i+2^k \cdot j_{t-1} - 2^k \cdot j_t} \oplus u_i = 0.
\end{cases}
$$

下面简要估计平均每个信息比特满足的奇偶校验方程的个数.

考虑 $\underline{u}$ 的前 N 个比特 $(u_0, u_1, \cdots, u_{N-1})$, 则由 $x^i g(x)^{2^k} (0 \leqslant i < N - 2^k l)$ 可以得到序列 $\underline{u}$ 的

$$
T = \sum_{k=0}^{\log_2(N/l)} (N - 2^k l) = \log_2 \left(\frac{N}{2l} \right) \cdot N + l
$$

个次数小于 N 的特征多项式. 由于每个 $t+1$ 重的特征多项式可以建立关于某个信息比特 u_i 的 $t+1$ 个校验方程, 故平均每个信息比特满足的奇偶校验方程的个数 m 约为

$$
m = (t+1) \cdot \frac{T}{N} = (t+1) \cdot \left(\log_2 \left(\frac{N}{2l} \right) - \frac{l}{N} \right) \approx (t+1) \cdot \log_2 \left(\frac{N}{2l} \right). \quad (2.2.1)
$$

注 2.1 当 u_i 处于 $(u_0, u_1, \cdots, u_{N-1})$ 两端时, 它实际所满足的校验方程相对较少; 当 u_i 处于 $(u_0, u_1, \cdots, u_{N-1})$ 中间时, 它所满足的检验方程相对较多. 以下为简化计, 不妨设它们都满足 m 个奇偶校验方程.

取定 u_i, 设关于它的 m 个奇偶校验方程分别为

$$
\begin{cases}
u_i \oplus b_1 = 0, \\
u_i \oplus b_2 = 0, \\
\qquad \cdots\cdots \\
u_i \oplus b_m = 0,
\end{cases}
\quad (2.2.2)
$$

其中 $b_j = \bigoplus\limits_{k=1}^{t} b_{jk}$ 是 LFSR 输出序列 $\underline{u}$ 的 t 个不同比特 b_{jk} 的异或, $1 \leqslant j \leqslant m$.

上式中用已知的密钥流比特 z_k 替代相应的 u_k, 可以得到

$$
\begin{cases}
z_i \oplus y_1 = L_1, \\
z_i \oplus y_2 = L_2, \\
\qquad \cdots\cdots \\
z_i \oplus y_m = L_m.
\end{cases}
\quad (2.2.3)
$$

其中 $y_j = \bigoplus\limits_{k=1}^{t} y_{jk}$ 是密钥流序列 $\underline{z}$ 的 t 个不同比特的异或, 它们通过将 b_{jk} 用 $\underline{z}$ 的相应比特 y_{jk} 替代而得, $L_j \in F_2, 1 \leqslant j \leqslant m$.

当用 z_k 替代 u_k 后, (2.2.3) 式中有些 L_j 等于 0, 有些 L_j 不等于 0. 若 L_j 等于 0, 则称 z_i 满足相应的方程, 或者简单称相应的方程满足.

若 $z_i = u_i$, 则它满足较多方程的可能性大, 若 $z_i \neq u_i$, 则它满足较多方程的可能性小. 反之, 若 z_i 满足较多方程, 则以较大概率 $u_i = z_i$, 而若 z_i 满足较少方程, 则以较大概率 $u_i = z_i + 1$, Meier 和 Staffelbach 提出的译码算法 A 和算法 B 分别关注 z_i 满足较多方程和较少方程的情况, 前者将 z_i 作为 u_i 的估计值, 后者前者将 z_i 取反作为 u_i 的估计值, 具体算法参见 2.2.3 节和 2.2.4 节.

2.2.2 概率分析

下面简要估算 z_i 恰好满足 (2.2.3) 式中 h 个方程的概率, 以及在 z_i 恰好满足 h 个方程的条件下 z_i 和 u_i 相等的概率.

堆积引理 设 $\xi_1, \xi_2, \cdots, \xi_t$ 是 t 个两两相互独立的二元随机变量, 并且

$$\mathrm{Prob}(\xi_j = 0) = \frac{1}{2} + \varepsilon_j, 1 \leqslant j \leqslant t,$$

则

$$\mathrm{Prob}(\xi_1 \oplus \xi_2 \oplus \cdots \oplus \xi_t = 0) = \frac{1}{2} + 2^{t-1} \varepsilon_1 \varepsilon_2 \cdots \varepsilon_t.$$

由攻击假设知, 序列 $\underline{z} = (z_1, z_2, \cdots)$ 与 $\underline{u} = (u_1, u_2, \cdots)$ 之间存在相关性, 即概率 $p = \mathrm{Prob}(z_i = u_i) > 0.5$, 故 $\mathrm{Prob}(y_{jk} = b_{jk}) = p = \frac{1}{2} + \left(p - \frac{1}{2}\right)$. 再由堆积引理知

$$s = \mathrm{Prob}(y_j = b_j) = \frac{1}{2} + 2^{t-1} \left(p - \frac{1}{2}\right)^t. \tag{2.2.4}$$

其中 $b_j = \bigoplus\limits_{k=1}^{t} b_{jk}, y_j = \bigoplus\limits_{k=1}^{t} y_{jk}$. 显然概率 s 与 j 无关, 只与 p, t 有关, 记为 $s = s(p, t)$.

由于 $L_j = 0$ 当且仅当或者 $z_i = u_i$ 且 $y_j = b_j$, 或者 $z_i \neq u_i$ 且 $y_j \neq b_j$. 由全概率公式, z_i 恰好满足 (2.2.3) 式中 h 个方程的概率为

$$\mathrm{Prob}(h \text{ equations hold}) = \mathrm{Prob}(z_i = u_i) \cdot \mathrm{Prob}(h \text{ equations hold}|z_i = u_i)$$

$$+ \mathrm{Prob}(z_i \neq u_i) \cdot \mathrm{Prob}(h \text{ equations hold}|z_i \neq u_i)$$

$$= ps^h(1-s)^{m-h} + (1-p)(1-s)^h s^{m-h}, \tag{2.2.5}$$

从而在 z_i 恰好满足 (2.2.3) 式中 h 个方程的条件下, $z_i = u_i$ 的后验概率为

$$\rho(p,m,h) = \mathrm{Prob}(z_i = u_i | h \text{ equations hold})$$

$$= \frac{ps^h(1-s)^{m-h}}{ps^h(1-s)^{m-h} + (1-p)(1-s)^h s^{m-h}}. \tag{2.2.6}$$

直观上随着 h 的增大, $\rho(p,m,h)$ 也增大, 这意味着, 当 h 比较大时, $z_i = u_i$ 以较大概率成立. 反之, 当 h 比较小时, $z \neq a$ 以较大概率成立.

注 2.2 由 (2.2.4) 式知, 当重量 t 较大时, $s = s(p,t)$ 接近于 $1/2$, 从而 $\rho(p,m,h)$ 接近于原始概率 p.

下面给出译码时需要用到的一些概率值.

z_i 至少满足 (2.2.3) 式中 h 个方程的概率 $Q(p,m,h)$ 为

$$Q(p,m,h) = \sum_{i=h}^{m} \binom{m}{i} (ps^i(1-s)^{m-i} + (1-p)(1-s)^i s^{m-i}).$$

进而, $z_i = u_i$ 且 z_i 至少满足 (2.2.3) 式中 h 个方程的概率 $R(p,m,h)$ 为

$$R(p,m,h) = \sum_{i=h}^{m} \binom{m}{i} ps^i(1-s)^{m-i},$$

从而在 z_i 至少满足 (2.2.3) 式中 h 个方程的条件下, $z_i = u_i$ 的概率为

$$T(p,m,h) = R(p,m,h)/Q(p,m,h).$$

另一方面, z_i 至多满足 (2.2.3) 式中 h 个方程的概率 $U(p,m,h)$ 为

$$U(p,m,h) = \sum_{i=0}^{h} \binom{m}{i} (ps^i(1-s)^{m-i} + (1-p)(1-s)^i s^{m-i}),$$

$z_i = u_i$ 且 z_i 至多满足 (2.2.3) 式中 h 个方程的概率 $V(p,m,h)$ 为

$$V(p,m,h) = \sum_{i=0}^{h} \binom{m}{i} ps^i(1-s)^{m-i},$$

而 $z_i \neq u_i$ 且 z_i 至多满足 (2.2.3) 式中 h 个方程的概率 $W(p,m,h)$ 为

$$W(p,m,h) = \sum_{i=0}^{h} \binom{m}{i} (1-p)(1-s)^i s^{m-i}.$$

2.2.3 译码算法 A

由于序列 $\underline{u}$ 是 l 级 LFSR 产生的线性递归序列, 已知 $\underline{u}$ 的 l 个比特就可以通过解线性方程组恢复出其初态. 由上面的分析, 对每个输出密钥流比特 z_i, 可以统计它满足的方程数 h, 并计算出在该条件下 z_i 和 u_i 相等的后验概率 $\rho(p, m, h)$, 以 $\rho(p, m, h)$ 最大 (或满足方程数最多) 的 l 个比特 z_i 作为 u_i 的估计值, 由此解线性方程组就可以恢复出 $\underline{u}$ 的初态, 这也是算法 A 的基本思想.

由于 z_i 至少满足 (2.2.3) 式中 h 个方程的概率为 $Q(p, m, h)$, 而在 z_i 至少满足 (2.2.3) 式中 h 个方程的条件下, $z_i = u_i$ 的概率为 $T(p, m, h)$. 因此, $\underline{z}$ 的 N 个比特中平均有 $Q(p, m, h) \cdot N$ 个比特至少满足 (2.2.3) 式中 h 个方程, 用它们作为 $\underline{u}$ 相应比特的估计值, 估计正确的概率为 $T(p, m, h)$. 当 p 和 m 取定时, $T(p, m, h)$ 是关于 h 的单调上升函数, 而 $Q(p, m, h)$ 是关于 h 的单调下降函数. 为了找到 $\underline{u}$ 的以较大概率成立的至少 l 个比特的正确估计值, 需要确定满足 $Q(p, m, h) \cdot N \geqslant l$ 的最大正整数 h 选择至少满足 h 个方程的那些 z_i 作为 u_i 的估计值.

Meier 和 Staffelbach 提出的快速相关攻击译码算法 A 的基本步骤为

步骤 1 计算 z_i 满足的平均校验方程数 $m = m(N, l, t) \approx (t+1) \log_2(N/2l)$.

步骤 2 求满足 $Q(p, m, h) \cdot N \geqslant l$ 的最大正整数 h.

步骤 3 寻找 $\underline{z}$ 的至少满足 (2.2.3) 式中 h 个方程的比特, 以此作为 $\underline{u}$ 相应比特的估计值, 将这些 u_i 的集合记为 I_0.

步骤 4 利用 I_0 中 u_i 的估计值建立线性方程组求解 LFSR 的初态 u_0^*.

步骤 5 由得到的初态 u_0^* 产生 N 长输出序列 $\underline{u}^*$, 计算它与 $\underline{z}$ 的相关值, 判断它与已知相关值是否相符. 若不相符, 改变 I_0 中某些比特重新计算初态再加以比较.

注 2.3 第 3 步得到的 I_0 中平均错误的比特数为 $\bar{r} = (1 - T(p, m, h)) \cdot Q(p, m, h) \cdot N$. 若错误比特数较小, 例如当 $\bar{r} \ll 1$ 时, 第 5 步是冗余的.

下面简要估计算法 A 的计算复杂度.

当错误比特较多时, 算法 A 中第 1 到 4 步的复杂度可以忽略不计, 主要计算量在于第 5 步校错时穷举的复杂度. 不妨设 I_0 中比特数恰为 l, 其中恰好有 r 个比特错误, 则需要的穷举量为 $A(l, r) = \sum_{i=0}^{r} \binom{l}{i} \leqslant 2^{H(r/l)l}$.

由于 r 的平均值为 $\bar{r} = (1 - T(p, m, h)) \cdot l$, 记 $c(p, t, N/l) = H(\bar{r}/l) = H(1 - T(p, m, h))$, 显然它只与 $p, t, N/l$ 的取值有关, 表 2.1 给出了当 $N/l = 100$ 时, $c(p, t, N/l)$ 的取值随 p, t 的变化规律.

从表 2.1 中的数据可以看出, 反馈多项式的抽头个数越少, 相关概率越大, 算法 A 的计算复杂度越小. 当抽头个数趋于无穷时, 由注 2.2 知, s 趋于 1/2, 从而

$c(p, \infty, N/l) = H(p)$, 此时算法 A 的计算复杂度为 $2^{H(p)l}$.

表 2.1 当 $N/l = 100$ 时, $c(p, t, N/l)$ 的取值情况

p	t								
	2	4	6	8	10	12	14	16	∞
0.51	1.000	1.000	1.000	1.000	1.000	1.000	1.000	1.000	1.000
0.53	0.994	0.997	0.997	0.997	0.997	0.997	0.997	0.997	0.997
0.55	0.973	0.993	0.993	0.993	0.993	0.993	0.993	0.993	0.993
0.57	0.927	0.985	0.986	0.986	0.986	0.986	0.986	0.986	0.986
0.59	0.846	0.973	0.976	0.976	0.977	0.977	0.977	0.977	0.977
0.61	0.729	0.956	0.964	0.965	0.965	0.965	0.965	0.965	0.965
0.63	0.584	0.930	0.949	0.951	0.951	0.951	0.951	0.951	0.951
0.65	0.432	0.890	0.930	0.934	0.934	0.934	0.934	0.934	0.934
0.67	0.293	0.832	0.905	0.914	0.915	0.915	0.915	0.915	0.915
0.69	0.122	0.750	0.871	0.890	0.893	0.893	0.893	0.893	0.893
0.71	0.062	0.641	0.825	0.860	0.867	0.868	0.869	0.869	0.869
0.73	0.028	0.462	0.761	0.822	0.837	0.840	0.841	0.841	0.841
0.75	0.012	0.314	0.671	0.722	0.800	0.808	0.810	0.811	0.811

2.2.4 译码算法 B

译码算法 A 中考虑满足较多校验方程的密钥流比特 z_i 作为 $\underline{u}$ 相应比特的估计值. 算法 B 考虑满足较少校验方程的密钥流比特 z_i, 将其取反作为 $\underline{u}$ 相应比特的估计值.

由于 z_i 至多满足 (2.2.3) 式中 h 个方程的概率为 $U(p, m, h)$, $z_i = u_i$ 且 z_i 至多满足 (2.2.3) 式中 h 个方程的概率为 $V(p, m, h)$, 而 $z_i \neq u_i$ 且 z_i 至多满足 (2.2.3) 式中 h 个方程的概率为 $W(p, m, h)$, 故 $\underline{z}$ 的 N 个比特中平均有 $U(p, m, h) \cdot N$ 个比特至多满足 (2.2.3) 式中 h 个方程, 用它们取反作为 $\underline{u}$ 相应比特的估计值, 则改对的比特数为 $W(p, m, h) \cdot N$, 改错的比特数为 $V(p, m, h) \cdot N$. 改变后正确比特数增加了 $W(p, m, h) \cdot N - V(p, m, h) \cdot N$ 个, 增加的比例为

$$I(p, m, h) = W(p, m, h) - V(p, m, h).$$

为达到最佳纠错效果, 希望 $I(p, m, h)$ 越大越好. 取 $h_{\max}$ 为使得 $I(p, m, h)$ 达到最大的正整数 h, 记 $I_{\max} = I(p, m, h_{\max})$. 再由此计算概率阈值

$$p_{\text{thr}} = (\rho(p, m, h_{\max}) + \rho(p, m, h_{\max} + 1))/2,$$

从而后验概率 $\rho(p, m, h) < p_{\text{thr}}$ (满足线性关系的个数小于等于 $h_{\max}$) 的密钥流比特数约为 $N_{\text{thr}} = U(p, m, h_{\max}) \cdot N$. (多次后验概率迭代后仍然低于阈值 p_{thr} 的比特取反)

记 N_w 为后验概率 $\rho(p,m,h)$ 小于 p_{thr} 的密钥流比特数量, 若 $N_w < N_{\text{thr}}$, 将先验概率 p 用后验概率 $\rho(p,m,h)$ 替代, 重新计算新的后验概率 $\rho^*(p,m,h)$, 再次统计后验概率 $\rho^*(p,m,h)$ 小于 p_{thr} 的密钥流比特数量 N_w^*. 经几次概率迭代后, 后验概率呈现两极分化趋势且趋于稳定 (或者趋于 0 或者趋于 1 且概率分布保持不变, 此时迭代次数不必再增加, 从而可设定最大迭代次数 α, 通常 $\alpha \leqslant 5$).

由此可以给出算法 B 的计算步骤如下:

步骤 1 计算平均每个已知密钥流比特满足的线性关系个数 m.

步骤 2 计算使得 $I(p,m,h) = W(p,m,h) - V(p,m,h)$ 达到最大的整数 $h_{\max}$.

步骤 3 计算概率阈值 $p_{\text{thr}} = (\rho(p,m,h_{\max}) + \rho(p,m,h_{\max}+1))/2$ 以及改变比特数量阈值 $N_{\text{thr}} = U(p,m,h_{\max}) \cdot N$.

步骤 4 设置每一轮的最大迭代次数 α. (注: 一般地, $\alpha \leqslant 5$.)

步骤 5 初始化迭代计数变量 $i = 0$. 令 $P_0 = \{\text{Prob}(z_j = a_j)|j = 0,1,\cdots, N-1\}$.

步骤 6 对 $j = 0,1,\cdots, N-1$, 根据 z_j 满足的线性关系个数 h_j, 计算后验相关概率 $\rho(P_i,m,h_j)$. 令 $P_{i+1} = \{\rho(P_i,m,h_j)|j = 0,1,\cdots, N-1\}$. 统计 P_{i+1} 中小于 p_{thr} 的密钥流比特数量 N_w.

步骤 7 若 $N_w < N_{\text{thr}}$ 且 $i < \alpha$, 则 $i = i+1$, 返回到步骤 6.

步骤 8 对 $0 \leqslant j \leqslant N-1$, 若 $\rho(P_i,m,h_j) < p_{\text{thr}}$, 则将 z_t 取反.

步骤 9 若序列 $z_0, z_1, \cdots, z_{N-1}$ 仍不全满足递归关系 $g(x)$, 则返回步骤 5; 否则, 输出 $(z_0, z_1, \cdots, z_{N-1})$.

注 2.4 在概率迭代过程中, $\text{Prob}(z_j = a_j)$ 需要用后验概率 $\rho(P_i,m,h_j)$ 替代, 这样除第一次迭代外, 每个比特的先验概率 p_j 可能都不相同, 因而计算后验概率时, (2.2.4), (2.2.5), (2.2.6) 式均要相应修正.

对于给定的 p,t,N,l, 算法 B 的纠错效果主要取决于 $I_{\max} = I(p,m,h_{\max})$. 若 $I(p,m,h_{\max}) \leqslant 0$, 则算法 B 没有纠错效果.

因为 m 是抽头个数 t 和 $d = N/l$ 的函数, $h_{\max}$ 是 p 和 m 的函数, 记

$$F(p,t,d) = I(p,m,h_{\max}) \cdot d,$$

对于不同的 t 和 d, 表 2.2 给出了满足 $F(p,t,d) = 0$ 的临界概率 p.

从表 2.2 可以看出, 算法 B 同样只对特征多项式具有较少抽头的情况有效.

由于算法 B 中的轮数和迭代次数仅与 p,t 和比值 $d = N/l$ 有关, 当 d 取定时, $F(p,t,d)$ 保持不变, 迭代轮数基本保持不变. 当 LFSR 级数 l 加倍时, 需要的密钥比特数 N 相应加倍, 计算后验概率的复杂度加倍, 因此, 可以认为算法的总体复杂度为 $O(k)$.

表 2.2 满足 $F(p,t,d) = 0$ 的临界概率 p

d	t								
	2	4	6	8	10	12	14	16	18
10	0.584	0.739	0.804	0.841	0.864	0.881	0.894	0.904	0.912
10^2	0.533	0.673	0.750	0.796	0.827	0.849	0.865	0.878	0.890
10^3	0.521	0.648	0.727	0.776	0.809	0.833	0.852	0.866	0.878
10^4	0.514	0.629	0.709	0.760	0.795	0.821	0.841	0.856	0.869
10^5	0.511	0.620	0.699	0.752	0.787	0.815	0.834	0.850	0.863
10^6	0.509	0.612	0.692	0.745	0.782	0.809	0.830	0.846	0.860
10^7	0.508	0.605	0.684	0.738	0.775	0.803	0.825	0.842	0.855
10^8	0.507	0.601	0.680	0.733	0.771	0.800	0.821	0.838	0.852
10^9	0.506	0.597	0.676	0.729	0.768	0.797	0.818	0.836	0.850
10^{10}	0.505	0.592	0.671	0.725	0.764	0.793	0.815	0.832	0.847

2.3 快速相关攻击的改进

Meier 和 Staffelbach 提出的快速相关攻击的效果与目标 LFSR 特征多项式的重量直接相关, 重量越低攻击效果越好, 重量大于 10 时攻击方法将失效. 本节介绍两种相关攻击的改进算法. 一种是 2000 年欧密会上由 Canteaut 和 Trabbia[35] 提出的先计算特征多项式 d 重倍式再译码的算法, 一种是 2000 年 FSE 会议上由 Chepyzhov 等[36] 提出的基于部分穷举的快速相关攻击方法.

2.3.1 多项式 d 重倍式的求取算法

本节介绍 2000 年欧密会上 Canteaut 和 Trabbia[35] 给出的求多项式 d 重倍式的算法.

已知 $P(x)$ 为 F_2 上任一次数为 l 的多项式, 要求计算 $P(x)$ 的所有次数小于 N 的重量为 d 的倍式. 具体计算步骤如下:

步骤 1 计算 $q_i(x) = x^i \mod P(x), 1 \leqslant i < N$, 并将计算结果存入表 T 内, 其中

$$对任意 \ 0 \leqslant a < 2^l, \quad T[a] = \{i, q_i(x) = a\}.$$

步骤 2 对于集合 $\{1, 2, \cdots, N-1\}$ 中任意 $d-2$ 个元素, 计算

$$A = 1 + q_{i_1}(x) + \cdots + q_{i_{d-2}}(x),$$

对任意 $j \in T[A], 1 + x^{i_1} + \cdots + x^{i_{d-2}} + x^j$ 就是多项式 $P(x)$ 的一个 d 重倍式.

算法复杂度分析 容易看出该算法的运算次数约为

$$\binom{N-1}{d-1} \sim \frac{N^{d-1}}{(d-1)!},$$

当 d 较大时, 该算法计算复杂度较大, 可以用时空折中方法适当降低时间复杂度. 例如, 可以先预存至多 $\lfloor (d-1)/2 \rfloor$ 个 $q_i(x)$ 的所有线性组合, 再查表找碰撞.

多项式 d 重倍式的计数 当 $P(x)$ 是本原多项式时, 对于 $\{1, 2, \cdots, 2^l - 2\}$ 的任意 $d-1$ 元子集 $\{i_1, i_2, \cdots, i_{d-1}\}$, 都存在 i_d 满足

$$x^{i_1} \oplus x^{i_2} \oplus \cdots \oplus x^{i_{d-2}} \oplus x^{i_{d-1}} \equiv x^{i_d} \mod P(x).$$

注意到重复计数, 当 d 较小时, $P(x)$ 的次数小于 $2^r - 1$ 的重量为 d 的倍式个数约为

$$A = \frac{\binom{2^l - 2}{d - 1}}{d} \approx \frac{2^{l(d-1)}}{d!}.$$

另一方面, $\mathbf{F}_2[x]$ 中次数小于 $2^l - 1$ 的 d 重多项式个数为

$$B = \binom{2^l - 2}{d} \approx \frac{2^{ld}}{d!}.$$

假设本原多项式的 d 重倍式在全体 d 重多项式中均匀分布, 则 $\mathbf{F}_2$ 上全体 $\binom{N-1}{d-1}$ 个次数小于 N 且常数项为 1 的 d 重多项式中, 约有

$$m(d) = \frac{A}{B} \cdot \binom{N-1}{d-1} \approx \frac{N^{d-1}}{(d-1)! \cdot 2^l} \tag{2.3.1}$$

个多项式是 $P(x)$ 的倍式.

当 $P(x)$ 不是本原多项式时仍然可以采用上述估计. 实验数据显示: 当 $d \leqslant 6, N$ 较大时, 上述估计是比较准确的, 且与多项式重量无关. 表 2.3 分别统计了两个不同重量的 17 次多项式 $P_1(x) = 1 + x^3 + x^{17}$ 和 $P_2(x) = 1 + x^2 + x^4 + x^5 + x^6 + x^8 + x^9 + x^{10} + x^{11} + x^{13} + x^{14} + x^{15} + x^{17}$ 的 3 重倍式个数的实际值与估计值.

表 2.3 $P_1(x)$ 和 $P_2(x)$ 的 3 重倍式个数的实际值与估计值

N	3000	4000	5000	6000	7000	8000	9000
$P_1(3)$	38	61	95	131	183	238	297
$P_2(3)$	36	67	95	127	185	243	302
估计值	34	61	95	137	187	244	309

由于 3 重倍式数量有限, 实际译码时通常选用 4 重或者 5 重倍式. 基于此, 在文献 [35] 中, Canteaut 和 Trabbia 利用低密度奇偶校验码 (low-density parity-check codes, LDPC) 的概率迭代译码算法给出了一种改进的相关攻击方法, 具体译码方法参见文献 [35].

2.3.2 基于部分初态穷举的译码算法

2000 年 FSE 会议上, Chepyzhov 等[36] 提出了一种基于部分穷举的快速相关攻击方法, 该方法考虑特殊形式的校验方程, 把原始相关攻击的译码问题转化为更小的线性码的译码问题, 通过问题分割逐步求取所有初态.

设 $\underline{a}$ 是一条 l 级 LFSR 序列, 特征多项式为 $g(x)$, $\underline{z} = (z_0, z_1, \cdots, z_{N-1})$ 是某密钥流生成器的输出序列, 并且 $\underline{z}$ 和 $\underline{a}$ 之间的相关概率 $p = \mathrm{Prob}(z_t = a_t) > 0.5$. 攻击的目标是还原 $\underline{a}$ 的一个状态. 将 $\underline{a}$ 的 N 长序列段 $(a_0, a_1, \cdots, a_{N-1})$ 看成 $[N, l]$ 线性码 C 的一个码字, 相关攻击问题等价于错误概率为 $1 - p$ 的 $[N, l]$ 线性码的译码问题. 基本相关攻击需要穷举 LFSR 的初态, 是一种最大似然 (ML) 译码算法, 快速相关攻击算法 A 和算法 B 是更高效的译码算法.

由移位寄存器的递归关系, 码字 $(a_0, a_1, \cdots, a_{N-1})$ 的每个比特都可以表示成 $(a_0, a_1, \cdots, a_{l-1})$ 的线性组合, 设表示矩阵为 $G = (g_{ij})_{l \times N}$, 即有

$$(a_0, a_1, \cdots, a_{N-1}) = (a_0, a_1, \cdots, a_{l-1}) \cdot G.$$

于是对任意 $0 \leqslant i, j < N - 1$, 有

$$a_i = \bigoplus_{s=0}^{l-1} g_{si} a_s, \quad a_j = \bigoplus_{s=0}^{l-1} g_{sj} a_s.$$

若对任意 $s = k, k+1, \cdots, l-1$, 都有 $g_{si} = g_{sj}$, 则

$$a_i \oplus a_j = d_0 a_0 \oplus d_1 a_1 \oplus \cdots \oplus d_{k-1} a_{k-1}, \tag{2.3.2}$$

其中 $d_s = g_{si} \oplus g_{sj}, 0 \leqslant s < k - 1$.

先将 G 的列向量按照后 $l - k$ 列元素重新排序, 记为 G', 使得后 $l - k$ 个元素完全一致地列在 G' 中处于相邻位置, 同时记下 G' 中每一列在原矩阵 G 中的列号. 再查找 G' 中后 $l - k$ 个元素完全一致的所有列向量, 每组这样的列向量求和即可得所有形如 (2.3.2) 式的线性关系.

不妨设可以得到 n_2 个形如 (2.3.2) 式的线性关系, 记为

$$\begin{cases} a_{i_1} \oplus a_{j_1} = d_{1,0} a_0 \oplus d_{1,1} a_1 \oplus \cdots \oplus d_{1,k-1} a_{k-1}, \\ a_{i_2} \oplus a_{j_2} = d_{2,0} a_0 \oplus d_{2,1} a_1 \oplus \cdots \oplus d_{2,k-1} a_{k-1}, \\ \qquad \cdots \cdots \\ a_{i_{n_2}} \oplus a_{j_{n_2}} = d_{n_2,0} a_0 \oplus d_{n_2,1} a_1 \oplus \cdots \oplus d_{n_2,k-1} a_{k-1}. \end{cases} \tag{2.3.3}$$

令 $z'_t = z_{i_t} \oplus z_{j_t}, a'_t = a_{i_t} \oplus a_{j_t} = d_{t,0}a_0 \oplus d_{t,1}a_1 \oplus \cdots \oplus d_{t,k-1}a_{k-1}$, 于是 $\underline{z}$ 和 $\underline{a}$ 之间的相关攻击问题可以转化为

$$\underline{z}' = \{z'_t\}_{j=1}^{n_2} \quad \text{和} \quad \underline{a}' = \{a'_t\}_{j=1}^{n_2}$$

之间的相关攻击问题. 由堆积引理, 此时的相关概率为

$$p_2 = \frac{1}{2} + 2\left(p - \frac{1}{2}\right)^2.$$

此时 $\underline{a}'$ 可以看成 $[n_2, k]$ 线性码 C_2 的一个码字.

上述相关攻击改进算法包括两步.

步骤 1 预计算过程: 产生所有形如 (2.3.3) 式的线性关系.

步骤 2 译码过程: 计算 $(z'_1, z'_2, \cdots, z'_{n_2})$, 穷举 $(a_0, a_1, \cdots, a_{k-1})$, 计算出相应的 $(a'_1, a'_2, \cdots, a'_{n_2})$, 类似于基本相关攻击方法, 利用统计检验选取正确的初值 $(a_0^*, a_1^*, \cdots, a_{k-1}^*)$.

注 2.5 类似地, 可以依次穷举其他比特直到确定出所有初态. 需要注意的是, 此时不需要再搜索形如 (2.3.2) 式的线性关系, 因为该线性关系对序列 $\underline{a}$ 的移位也成立.

$$\begin{cases} a_{i_1+t} \oplus a_{j_1+t} = d_{1,0}a_t \oplus d_{1,1}a_{t+1} \oplus \cdots \oplus d_{1,k-1}a_{t+k-1}, \\ a_{i_2+t} \oplus a_{j_2+t} = d_{2,0}a_t \oplus d_{2,t+1}a_1 \oplus \cdots \oplus d_{2,k-1}a_{t+k-1}, \\ \qquad\qquad \cdots\cdots \\ a_{i_{n_2}+t} \oplus a_{j_{n_2}+t} = d_{n_2,0}a_t \oplus d_{n_2,1}a_{t+1} \oplus \cdots \oplus d_{n_2,k-1}a_{t+k-1}. \end{cases}$$

算法复杂度分析 Chepyzhov 等[36] 指出 (2.3.3) 式中线性关系总个数 n_2 的均值为

$$E(n_2) \approx 2^{-(l-k)} \cdot N(N-1)/2,$$

实际值也很接近此均值.

算法第 2 步等价于用最大似然译码方法译码 C_2, 利用码率

$$R_2 = k/n_2 < C(p_2) \approx (2\varepsilon^2)^2 \cdot 2/\ln 2$$

以及 $n_2 \approx 2^{-(l-k)} \cdot N(N-1)/2$, 可以近似得到

$$N \approx 1/2 \cdot \sqrt{k \cdot (\ln 2)} \cdot \varepsilon^{-2} \cdot 2^{-(l-k)/2},$$
$$n_2 \approx k \cdot (\ln 2)/8\varepsilon^4,$$

其中 $\varepsilon = p - 1/2$.

算法预计算部分的存储复杂度为 $n_2(k + 2\log_2 N)$, 译码部分的复杂度为 $O(2^k \times n_2)$. 若降低穷举量 k, 译码复杂度会减少, 但数据量 N 会指数倍增加.

更一般地, 也可以考虑 $\underline{a}$ 的任意 w 个比特线性组合中只与 $(a_0, a_1, \cdots, a_{k-1})$ 有关的线性关系. 然而, w 越大, 相关概率 p_w 越接近 0.5, 上述算法所需线性关系式个数 n_w 越大. 而当 n_w 远大于 2^k 时, 该算法的存储复杂度和计算复杂度都会过大. 在此情况下, 可以利用文献 [40] 中的 Quick Metrik 方法, 将计算复杂度由 $O(2^k n_w)$ 降为 $O(2^{2k} + n_w)$.

2.3.3 LILI-128 算法的相关攻击

LILI-128 算法[22] 是由 Dawson、Clark 和 Golić 等提出的 NESSIE 计划的候选序列算法之一, 如图 2.4 所示, 算法选用了两个线性反馈移位寄存器, 其级数分别为 39 级和 89 级. 非线性函数 f_c 选取 LFSR$_c$ 的第 12 和 20 比特输出时钟控制序列 $\underline{c}$, 非线性过滤函数 f_d 选取 LFSR$_d$ 的第 $\{0, 1, 3, 7, 12, 20, 30, 44, 65, 80\}$ 共 10 比特输出密钥流序列 $\underline{z}$.

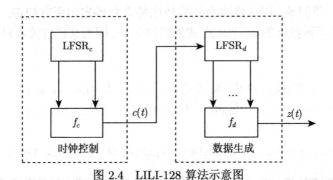

图 2.4　LILI-128 算法示意图

LILI-128 中两个线性反馈移位寄存器 LFSR$_c$ 和 LFSR$_d$ 的反馈多项式分别为

$$g_c(x) = x^{39} + x^{35} + x^{33} + x^{31} + x^{17} + x^{15} + x^{14} + x^2 + 1,$$
$$g_d(x) = x^{89} + x^{83} + x^{80} + x^{55} + x^{53} + x^{42} + x^{39} + x + 1,$$

它们都为重量为 9 的本原多项式. 非线性函数 f_c 选取 LFSR$_c$ 的第 12 和 20 比特输出时钟控制序列 $\underline{c}$, 非线性过滤函数 f_d 选取 LFSR$_d$ 的第 $\{0, 1, 3, 7, 12, 20, 30, 44, 65, 80\}$ 共 10 比特输出密钥流序列 $\underline{z}$. 函数 f_d 是一个 10 元 6 次具有 3 阶相关免疫和最高非线性度的平衡布尔函数, 定义如下:

$$f_d = x_4 x_6 x_7 x_8 x_9 x_{10} + x_5 x_6 x_7 x_8 x_9 x_{10}$$
$$+ x_3 x_7 x_8 x_9 x_{10} + x_4 x_6 x_7 x_8 x_9 + x_4 x_6 x_7 x_9 x_{10} + x_4 x_7 x_8 x_9 x_{10} + x_5 x_6 x_7 x_8 x_9$$

$$+ x_5x_6x_7x_9x_{10} + x_1x_8x_9x_{10} + x_2x_7x_8x_9 + x_2x_7x_9x_{10} + x_3x_7x_8x_{10}$$

$$+ x_4x_6x_7x_9 + x_4x_7x_8x_9 + x_4x_7x_9x_{10}$$

$$+ x_4x_8x_9x_{10} + x_5x_6x_7x_9 + x_5x_7x_8x_{10} + x_6x_7x_9x_{10} + x_6x_8x_9x_{10}$$

$$+ x_2x_9x_{10} + x_3x_7x_9 + x_3x_8x_9 + x_3x_8x_{10} + x_4x_7x_9 + x_4x_7x_{10} + x_4x_8x_{10}$$

$$+ x_4x_9x_{10} + x_5x_7x_{10} + x_5x_9x_{10} + x_6x_7x_9 + x_6x_7x_{10} + x_6x_8x_9$$

$$+ x_1x_8 + x_1x_9 + x_2x_8 + x_2x_9 + x_4x_{10} + x_6x_7 + x_6x_{10} + x_2 + x_3 + x_4 + x_5.$$

过滤函数选择寄存器 LFSR_d 的 10 个位置输出序列 $\underline{d}$, 其中

$$d_i = f_d(u_{i-89}, u_{i-88}, u_{i-86}, u_{i-79}, u_{i-77}, u_{i-69}, u_{i-59}, u_{i-45}, u_{i-24}, u_{i-9}).$$

记 $s_k = \sum_{i=1}^{k} c_i$, 则密钥流输出序列 $\underline{z}$ 满足

$$z_k = d_{s_k}, \quad k = 1, 2, \cdots.$$

针对数据生成部分的非线性过滤模型, Jönsson 和 Johansson[23] 基于 2.3.2 节介绍的部分初态穷举方法给出了对 LILI-128 算法的相关攻击, 由攻击时先遍历前 39 级寄存器的状态, 得到时钟控制序列 $\underline{c}$, 再对规则时钟下的 89 级过滤发生器进行相关攻击. 已知 LILI-128 算法输出的 N 长密钥流比特 $\underline{z} = (z_1, z_2, \cdots, z_N)$, 目标是恢复两个寄存器的初态 (或者种子密钥).

根据 LILI-128 算法控制序列的特点, 规则时钟下过滤发生器平均每迭代 5 拍输出 2 比特密钥流. 因此, 当输出 N 长密钥流比特 $\underline{z} = (z_1, z_2, \cdots, z_N)$ 时, 过滤生成器约输出 $M = 2.5N$ 比特, 即 $\underline{d} = (d_1, d_2, \cdots, d_{2.5N})$. 为简化问题, 我们不妨设过滤生成器的输出就是 $\underline{z} = (z_1, z_2, \cdots, z_N)$, 其中

$$z_i = f_d(u_{i-89}, u_{i-88}, u_{i-86}, u_{i-79}, u_{i-77}, u_{i-69}, u_{i-59}, u_{i-45}, u_{i-24}, u_{i-9}).$$

由于过滤函数 f_d 为相关免疫函数, 输出序列 $\underline{z}$ 与单个抽头不存在相关性, 我们需要寻找更一般的线性逼近关系. 注意到过滤函数 f_d 的非线性度为 480, 因此存在线性函数 $f_l(x) = a_1x_1 + a_2x_2 + \cdots + a_{10}x_{10}$ 使得 $d_H(f_d, f_l) = 480$. 因此, 若用线性函数 f_l 去逼近 f_d, 则可以得到

$$\text{Prob}(f_d(x) = l_i(x)) = \frac{1024 - 480}{1024} = 0.53125,$$

即有

$$\text{Prob}(z_i = a_1u_{i-89} + a_2u_{i-88} + a_3u_{i-86} + a_4u_{i-79} + a_5u_{i-77}$$

$$+ a_6 u_{i-69} + a_7 u_{i-59} + a_8 u_{i-45} + a_9 u_{i-24} + a_{10} u_{i-9})$$

$$= 0.53125.$$

由于序列 $\underline{u}$ 为 89 级 m 序列, 其不同抽头的线性组合 $\underline{v}$ 仍然是一条 89 级 m 序列, 并且它的每个比特都可以用初态 $(u_1, u_2, \cdots, u_{89})$ 线性表示. 于是对任意 N 长序列 $(v_1, v_2, \cdots, v_N)$, 存在 $89 \times N$ 矩阵 $G_{89 \times N}$ 使得 $(v_1, v_2, \cdots, v_N) = (u_1, u_2, \cdots, u_{89}) G_{89 \times N}$, 也称 $G_{89 \times N}$ 为线性码 $\underline{v} = (v_1, v_2, \cdots, v_N)$ 的生成矩阵.

利用快速相关攻击的信道模型, LILI-128 算法的相关攻击问题可以看成一个符合率为 0.53125 的 $[N, 89]$ 线性码的译码问题, 其中原码字 $\underline{v} = (v_1, v_2, \cdots, v_N)$, 接收到的码字为 $\underline{z} = (z_1, z_2, \cdots, z_N)$.

另一方面, 直接计算知, 过滤函数 f_d 的 Walsh 谱分布为

$$存在 720 个 w, \quad F(w) = 0,$$
$$存在 64 个 w, \quad F(w) = \pm 32,$$
$$存在 240 个 w, \quad F(w) = \pm 64,$$

因此存在 240 个线性函数 $l_i(x)$, 使得

$$\mathrm{Prob}(f_d(x) = l_i(x)) = \frac{1024 - 480}{1024} = 0.53125.$$

可以利用这些线性函数共同恢复序列 $\underline{u}$ 的初态.

不妨设这些线性函数对应的序列的生成矩阵分别为 $G_1, G_2, \cdots, G_{240}$, 将这些矩阵级联可以得到一个 $89 \times 240N$ 的矩阵

$$G' = (G_1 \ G_2 \ \cdots \ G_{240}) = (\boldsymbol{g}_1 \ \boldsymbol{g}_2 \ \cdots \ \boldsymbol{g}_{240N}),$$

其中 $\boldsymbol{g}_i$ 为矩阵 G' 的第 i 列, $1 \leqslant i \leqslant 240N$.

利用 2.3.2 节给出的部分初态穷举的方法, 选择参数 $t = 3$, 在 G' 的列向量中寻找三元组 (i_1, i_2, i_3), 使得

$$(\boldsymbol{g}_{i_1} + \boldsymbol{g}_{i_2} + \boldsymbol{g}_{i_3})^{\mathrm{T}} = (\underbrace{*, *, \cdots, *}_{k}, \underbrace{0, 0, \cdots, 0}_{89-k}), \quad 1 < k < 89,$$

则 $v_{i_1} + v_{i_2} + v_{i_3}$ 为 LFSR_d 初态 $(u_1, u_2, \cdots, u_{89})$ 的前 k 个信息比特的线性组合. 约有

$$\frac{(240N)^3}{3!} \cdot 2^{-89+k}$$

个这样的三元组 (i_1, i_2, i_3), 预计算的复杂度约为 $(240N)^2$ 次查表.

不妨设有 m 个三元组 $(i_1(s), i_2(s), i_3(s))$, 使得

$$(\boldsymbol{g}_{i_1} + \boldsymbol{g}_{i_2} + \boldsymbol{g}_{i_3})^{\mathrm{T}} = (\underbrace{*, *, \cdots, *}_{k}, \underbrace{0, 0, \cdots, 0}_{89-k}),$$

则 $V = \left(v_{i_1(1)} + v_{i_2(1)} + v_{i_3(1)}, v_{i_1(2)} + v_{i_2(2)} + v_{i_3(2)}, \ldots, v_{i_1(m)} + v_{i_2(m)} + v_{i_3(m)}\right)$ 构成 $[m, k]$ 线性码. 相应地, 接收到的码字变为 $(Z_1, Z_2, \cdots, Z_m)$, 其中

$$Z_k = z_{i_1(k)} + z_{i_2(k)} + z_{i_3(k)}, \quad z_i = v_i + e_i$$

由于 $P(e_i = 1) = 1 - 0.53125$, 偏差 $\varepsilon = 0.03125$, 故三项和对应的偏差为

$$\varepsilon_3 = 4\varepsilon^3.$$

这样原来的 $[N, 89]$ 线性码 C 的译码问题 $(v \to z)$ 就可以转化为更小的 $[m, k]$ 线性码 C' 的译码问题 $(V \to Z)$. 对于后者, 穷举初态 $(u_1, u_2, \cdots, u_{89})$ 的前 k 比特, 利用最大似然译码方法恢复出正确初态的前 k 比特. 类似地可以恢复初态的其他比特.

注意到线性码 C' 正常译码的最小码长 m 满足

$$m = k \cdot \frac{2 \ln 2}{(2\varepsilon)^6},$$

而三元组 (i_1, i_2, i_3) 的个数约为 $m = \dfrac{(240N)^3}{3!} \cdot 2^{-89+k}$, 联立这两个关系式可以得到

$$N \approx \frac{1}{960} \cdot (k \cdot 12 \ln 2)^{1/3} \cdot \varepsilon^{-2} \cdot 2^{\frac{89-k}{3}}, \quad 其中 \varepsilon = 0.03125.$$

线性码 C' 译码的复杂度约为 $C_{dec} = 2^k \cdot k \cdot \dfrac{2 \ln 2}{(2\varepsilon)^6}$, 表 2.4 为不同参数下的复杂度对比.

表 2.4　恢复 LFSR_d 前 k 比特的复杂度

K	N	C_{dec}
1	$2^{30.5}$	$2^{25.5}$
3	$2^{30.3}$	$2^{29.1}$
5	$\mathbf{2^{29.9}}$	$\mathbf{2^{31.8}}$
7	$2^{29.4}$	$2^{34.3}$
10	$2^{28.6}$	$2^{37.8}$
15	$2^{27.1}$	$2^{43.4}$
20	$2^{25.6}$	$2^{48.8}$
25	$2^{24.0}$	$2^{54.1}$

由于前 39 级控制寄存器的初态需要遍历, 故 LILI-128 相关攻击总的计算复杂度约为 $T_{total} = 2^{39} C_{dec}$. 从表 2.4 可以看出, $k = 5$ 是一个比较好的折中点, 此时需要的数据量约为 $2^{29.9}$, 总的计算复杂度约为 $T_{total} \approx 2^{39} \cdot 2^{32} = 2^{71}$. 此复杂度远远低于 LILI-128 算法提出者估计的至少 2^{112} 的计算量.

LILI-128 算法的相关攻击 [23] 和时空折中攻击 [43] 也直接导致了该算法在 NESSIE 计划第一轮分析评估中被淘汰.

第 3 章

序列密码的代数攻击

代数攻击的思想是将密码算法表示成一个超定 (overdefined) 方程组, 通过求解该方程组恢复出私钥或明文. 代数攻击将一个密码算法的安全性完全规约为求解一个超定的多变元非线性方程组的问题, 这与以前很多基于概率统计的分析方法有很大不同. 代数攻击总体的思想和方法具有一般性, 使得其对公钥密码 [24], 分组密码 [25,26] 和序列密码 [20,21] 都可能构成潜在威胁. 序列密码的结构特征决定了序列密码相比公钥密码和分组密码更容易生成超定的方程组. 针对基于线性反馈结构的序列密码, 从 2003 年开始出现了序列密码代数攻击的许多研究成果 [20-21,44-49].

早在 1949 年, Shannon 就在《保密系统的通信理论》中指出攻破一个 "好的" 密码体制 "相当于求解一个包含大量未知元的形式复杂的方程组的工作量", 这可以看作代数攻击思想的起源. 然而, 由于密码设计者确信求解大的非线性方程组是一件非常棘手的事情 (一般地, 求解一个大的多变元非线性方程组是 NP 难题), 所以大都没有慎重地考虑 Shannon 的这个准则. 不幸的是, 将密码算法表示成一个方程系统时, 有些方程系统并不像一个随机方程系统那样复杂. 例如, 如果方程组是超定的或稀疏的, 对其求解就可能变得容易, 这样就引发了人们对代数攻击的探索, 也提出了 Relinearization、XL、XSL、SAT、Gröbner 基、特征列等多个求解多变元非线性方程组的方法.

本章主要介绍基于 LFSR 的序列密码的代数攻击和快速代数攻击的基本原理和方法.

3.1 基本代数攻击

本节以如图 3.1 所示的非线性过滤生成器为例, 简要介绍标准代数攻击的基本原理. 组合生成器的代数攻击可以类似处理.

假设过滤生成器中 LFSR 的特征多项式为 $g(x)$, 次数为 L, 过滤函数 $f(x)$ 按照规则 P 选取 LFSR 的 n 个抽头, 输出密钥流序列 $\underline{z}$. 攻击者的目标是恢复出

LFSR 的初态.

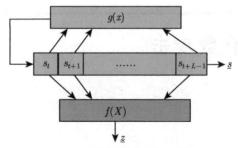

图 3.1 非线性过滤生成器模型

由过滤生成器的结构可知, 有如下方程组成立:

$$\begin{cases} z_0 = f(P(s_0, s_0, \cdots, s_{L-1})), \\ z_1 = f(P(L(s_0, s_0, \cdots, s_{L-1}))), \\ z_2 = f(P(L^2(s_0, s_0, \cdots, s_{L-1}))), \\ \qquad \cdots\cdots \end{cases}$$

其中 P 是一个从 L 个变元中选取 n 个变元的选取函数. 由于过滤函数的代数次数通常比较高, 直接求解上述高次非线性方程组是非常困难的.

3.1.1 代数攻击基本原理

2003 年欧密会上, Courtois 和 Meier[20] 针对基于线性反馈结构的序列密码, 主要是过滤生成器和组合生成器模型, 提出了代数攻击方法. 其核心思想是利用布尔函数 f 的低次倍式建立关于密钥流比特和 LFSR 状态比特的全新的低次方程.

关于布尔函数的低次倍式, 有下面的存在性定理.

定理 3.1[20] 设 f 为一个 n 元布尔函数, 则一定存在一个次数至多为 $\lfloor n/2 \rfloor$ 的非零布尔函数 g, 使得 fg 的次数至多为 $\lceil n/2 \rceil$.

证明 令 A 为所有次数小于等于 $\lceil n/2 \rceil$ 的单项式构成的集合, B 为所有次数小于等于 $\lfloor n/2 \rfloor$ 的单项式乘以 f 所构成的集合, 即

$$A = \{1, x_1, x_2, \cdots, x_n, \cdots, x_1 \cdots x\lceil n/2 \rceil, \cdots, x_{n-\lceil n/2 \rceil+1} \cdots x_n\},$$

$$B = f \cdot A = \{f, x_1 f, x_2 f, \cdots, x_n f, \cdots, x_1 \cdots x_{\lfloor n/2 \rfloor} f, \cdots, x_{n-\lfloor n/2 \rfloor+1} \cdots x_n f\}.$$

则

$$|A| = \sum_{i=0}^{\lceil n/2 \rceil} \binom{n}{i} > \frac{1}{2} \cdot 2^n, \quad |B| = \sum_{i=0}^{\lfloor n/2 \rfloor} \binom{n}{i} \geqslant \frac{1}{2} \cdot 2^n.$$

从而 $|A| + |B| > 2^n$.

令 $C = A \cup B$. 由于 C 中线性无关的元素个数不可能超过 2^n(次数小于等于 n 的单项式总个数为 2^n), 所以 C 中一定存在线性关系. 又因为 A 中不存在线性关系, 所以 C 中的线性关系一定包含 B 中的元素, 即存在非零多项式 g 使得 fg 可以用 A 中单项式线性表出, 故命题得证.

由定理 3.1, 可以分情况建立低次方程如下 (表 3.1). 其中 $s = P(S^t)$ 表示 t 时刻的状态, t 时刻的输出为 $f(s) = z_t$.

表 3.1

情况	$\deg(g)$	$\deg(h)$ $fg = h$	得到的方程类型	用到的 z_t	已知 m 个密钥流比特能建立的方程数
S1	低	低, $h \neq 0$	$h(s) = 0$	0	$m/2$
S2	低	$h = 0$	$g(s) = 0$	1	$m/2$

如果布尔函数 f (以接近于 1 的概率) 具有性质 S1 或 S2 之一, 由 f 就可得到低次方程. 如果获得足够多的密钥流比特就可以得到一个以变元为私钥的低次方程组, 求解该方程组就恢复了私钥. 攻击者总希望方程次数越低越好, 因此, 在代数攻击中使用的方程应尽量是满足性质 S1 或 S2 的最低次数的方程.

进一步, 所得到的最低次数的方程也可能不是唯一的. 代数攻击中应使用尽量多的线性无关的最低次数的方程, 这样虽然不能降低求解方程的复杂度, 但可以降低所必须知道的密钥流比特数. 文献 [20] 中分别利用 Toyocrypt 和 LILI-128 的 3 次和 4 次倍式实施代数攻击, 这也是序列密码代数攻击的成功范例. 此外, 对于情况 S1, 若 $\deg(g) < \deg(h)$, 利用下一节介绍的快速代数攻击可以得到更低次的方程.

3.1.2 代数攻击的复杂度分析

代数攻击的时间复杂度由产生多变元非线性方程组的复杂度和求解该非线性方程组的复杂度共同决定. 由于 XL 算法和 Gröbner 基算法的实际复杂度难以估计, 通常用线性化方法求解方程组的复杂度来简单估算.

线性化方法的主要思想是通过变元替换将要求解的非线性方程组转化为线性方程组, 再利用高斯 (Gauss) 消元法求解.

设 S 形如 (3.1.1), 是一个含有 n 个变元 $x_1, x_2, \cdots, x_n, m$ 个方程 $f_i = b_i (i = 1, 2, \cdots, m)$ 的 d 次方程组.

$$\begin{cases} f_1(x_1, x_2, \cdots, x_n) = b_1, \\ f_2(x_1, x_2, \cdots, x_n) = b_2, \\ \qquad \cdots\cdots \\ f_m(x_1, x_2, \cdots, x_n) = b_m, \end{cases} \tag{3.1.1}$$

其中 $f_i \in K[x_1, x_2, \cdots, x_n], b_i \in K, K$ 为某个域.

下面以二元域为例, 说明利用线性化方法求解 S 的原理.

线性化方法求解 n 元 d 次非线性方程组 S 包括如下两步:

(1) 线性化 将要求解的 n 元 d 次方程组中的每个单项式看成是一个新的变元, 则共有 $T = \sum_{i=1}^{d} \binom{n}{i}$ 个新的变元. 代入原方程组 S 后, 得到一个含有 T 个新的变元、m 个方程的线性方程组 S'.

(2) Gauss 消元 若线性方程组 S' 中有 T 个线性独立的方程, 则可利用 Gauss 消元法求解该线性方程组, 从而解出 $x_1, \cdots, x_n$. 算法的计算复杂度为 $c \cdot T^\omega$, 其中 ω 为 Gauss 消元法的系数, 其理论值满足 $\omega \leqslant 2.376$. 实际复杂度约为 $7T^{\log_2 7}$ (此时 $\omega' \approx 2.807$).

显然, 线性化方法成功的必要条件是方程个数 m 至少为 $\sum_{i=1}^{d} \binom{n}{i}$. 这个条件对于公钥密码和分组密码通常是比较苛刻, 难以满足的. 而对于序列密码, 只要已知足够多的密钥流比特是可以达到的. 从上面的数据可以看出, 需要求解的非线性方程组的代数次数是影响线性化复杂度的重要因素.

下面简要估计标准代数攻击的复杂度.

设 d 是能够得到的最低的方程次数, 并设平均每个密钥流比特可以得到 r 个 d 次方程. 如果已知密钥流比特量为 m, 就可以建立关于初态比特的 d 次方程组, 方程个数是 rm. 另一方面, n 元 d 次非线性方程组线性化时引入新变元个数为 $T = \sum_{i=1}^{d} \binom{n}{i}$, 因此, 若 $m = T/r$, 就可利用线性化方法求解方程组, 时间复杂度为 $7T^{\log_2 7}$.

3.1.3 Toyocrypt 算法的代数攻击

Toyocrypt 算法是日本 CRYPTREC 计划的候选序列密码算法, 算法整体结构为 128 级 Galois-LFSR 的非线性过滤模型, 过滤函数为一个 63 次的布尔函数, 代数表达式为

$$f(x_0, \cdots, x_{127}) = x_{127} \oplus \sum_{i=0}^{62} x_i x_{\alpha_i} \oplus x_{10} x_{23} x_{32} x_{42}$$

$$\oplus x_1 x_2 x_9 x_{12} x_{18} x_{20} x_{23} x_{25} x_{26} x_{28} x_{33} x_{38} x_{41} x_{42} x_{51} x_{53} x_{59} \oplus \prod_{i=0}^{62} x_i,$$

其中 $\{\alpha_0, \alpha_2, \cdots, \alpha_{62}\}$ 为 $\{63, 64, \cdots, 125\}$ 的置换.

由于过滤函数 $f(x_0, \cdots, x_{127})$ 的高次项有公共的因式 $x_{23}x_{42}$. 容易验证 $f(x_0, \cdots, x_{127})$ 的倍式

$$f(x_0, \cdots, x_{127})(x_{23} \oplus 1) \text{ 和 } f(x_0, \cdots, x_{127})(x_{42} \oplus 1)$$

都是 3 次多项式. 利用这两个 3 次倍式, 对于每个输出比特都可以建立两个 3 次方程.

利用前面给出的代数攻击复杂度的分析, 攻击中可以建立关于 128 比特初态 (密钥) 的 3 次非线性方程组, 这样的 128 元 3 次函数中涉及的单项式的个数为

$$T = \sum_{i=1}^{3} \binom{128}{i} \approx 2^{18.4}.$$

由于可以同时使用过滤函数 $f(x_0, \cdots, x_{127})$ 的 2 个 3 次倍式, 当已知密钥流比特 $m = T/2 \approx 2^{17.4}$ 时, 可以利用线性化方法求解相应的方程组求取初态, 计算复杂度约为 $7T^{\log_2 7} \approx 2^{55}$, 远远小于 128 比特的密钥穷举量.

3.1.4 LILI-128 算法的代数攻击

LILI-128 算法是 NESSIE 计划的候选序列密码算法. 算法用一个 39 级的线性反馈移位寄存器 LFSR_c 的过滤生成器 f_c 产生时钟控制序列 $\underline{c}$, 另一个 89 级的线性反馈移位寄存器 LFSR_d 的过滤生成器 f_d 在控制序列 $\underline{c}$ 的作用下选取 LFSR_d 的第 $\{0, 1, 3, 7, 12, 20, 30, 44, 65, 80\}$ 比特输出密钥流序列 $\underline{z}$.

由于控制寄存器级数较短, 可以遍历 39 级控制寄存器的初态, 得到每个密钥流比特对应的过滤生成器 f_d 的实际状态. 下面考虑对 LILI-128 算法中的 89 级过滤生成器的代数攻击.

LILI-128 算法中 89 级 LFSR_d 的过滤函数 f_d 的代数表达式为

$f_d = x_4x_6x_7x_8x_9x_{10} \oplus x_5x_6x_7x_8x_9x_{10}$

$\oplus\ x_3x_7x_8x_9x_{10} \oplus x_4x_6x_7x_8x_9 \oplus x_4x_6x_7x_9x_{10} \oplus x_4x_7x_8x_9x_{10} \oplus x_5x_6x_7x_8x_9$

$\oplus\ x_5x_6x_7x_9x_{10} \oplus x_1x_8x_9x_{10} \oplus x_2x_7x_8x_9 \oplus x_2x_7x_9x_{10} \oplus x_3x_7x_8x_{10}$

$\oplus\ x_4x_6x_7x_9 \oplus x_4x_7x_8x_9 \oplus x_4x_7x_9x_{10}$

$\oplus\ x_4x_8x_9x_{10} \oplus x_5x_6x_7x_9 \oplus x_5x_7x_8x_{10} \oplus x_6x_7x_9x_{10} \oplus x_6x_8x_9x_{10}$

$\oplus\ x_2x_9x_{10} \oplus x_3x_7x_9 \oplus x_3x_8x_9 \oplus x_3x_8x_{10} \oplus x_4x_7x_9 \oplus x_4x_7x_{10} \oplus x_4x_8x_{10}$

$\oplus\ x_4x_9x_{10} \oplus x_5x_7x_{10} \oplus x_5x_9x_{10} \oplus x_6x_7x_9 \oplus x_6x_7x_{10} \oplus x_6x_8x_9$

$$\oplus\, x_1x_8 \oplus x_1x_9 \oplus x_2x_8 \oplus x_2x_9 \oplus x_4x_{10} \oplus x_6x_7 \oplus x_6x_{10} \oplus x_2 \oplus x_3 \oplus x_4 \oplus x_5.$$

观察发现, $f(X) = f_d(x_1, \cdots, x_{10})$ 的 5 次和 6 次项有公共因式 x_6x_8, 即它们可以分解为

$$x_6x_8(x_2x_7x_9 \oplus x_3x_5x_7 \oplus x_3x_5x_9 \oplus x_3x_7x_9 \oplus x_4x_5x_7 \oplus x_4x_5x_9 \oplus x_3x_5x_7x_9 \oplus x_4x_5x_7x_9),$$

从而 $f(X)(x_6 \oplus 1)$ 和 $f(X)(x_8 \oplus 1)$ 的次数降为 5 次.

再考虑 $f(X)(x_6 \oplus 1)$ 和 $f(X)(x_8 \oplus 1)$ 的 5 次和 4 次项是否有公因式. 可以发现 $f(X)(x_8 \oplus 1)$ 的 5 次和 4 次项之和可以进一步分解为

$$x_9(x_2x_6x_7x_8 \oplus x_4x_6x_7x_8 \oplus x_2x_6x_7 \oplus x_2x_7x_8$$

$$\oplus\, x_3x_6x_8 \oplus x_3x_7x_8 \oplus x_4x_6x_7 \oplus x_4x_6x_8 \oplus x_5x_6x_8).$$

由此可以得到 $f(X)(x_8 \oplus 1)(x_9 \oplus 1)$ 是 $f(X)$ 的一个 4 次倍式. 类似地, 可以得到如表 3.2 所示的 LILI-128 算法的多个低次倍式. 利用这些低次倍式, 对于每个密钥比特可以建立 14 个线性无关的 4 次方程.

表 3.2 LILI-128 算法过滤函数 f_d 的低次倍式

过滤函数	LILI-128 f_d					
g 的次数	10	1	2	3	4	10
fg 的次数	3	4	4	4	4	4
g 的个数	0	0	4	8	14	14

利用前面给出的代数攻击复杂度的分析, 对 LILI-128 算法进行代数攻击时可以建立关于 89 比特初态的 4 次非线性方程组, 这样的 89 元 4 次函数中涉及的单项式的个数为

$$T = \sum_{i=1}^{4} \binom{89}{4} \approx 2^{21}.$$

由于可以同时使用 14 个线性无关的 4 次倍式, 当已知密钥流比特 $m = T/14 \approx 2^{18}$ 时, 可以利用线性化方法求解相应的方程组求取初态, 加上控制寄存器 39 比特初态的穷举量, 代数攻击总的计算复杂度约为 $2^{39} \cdot 7 \cdot T^{\log_2 7} \approx 2^{102}$, 远远小于 128 比特的密钥穷举量.

3.2 快速代数攻击

2003 年美密会上, Courtois 提出快速代数攻击, 利用布尔函数可能具有的 "双甲板"(double-decker) 结构和已知的连续密钥流比特, 进一步降低方程次数. 2004

年, Armknecht[45] 提出一个新的预计算方法, 与文献 [21] 的方法相比, 该方法具有速度更快, 且可并行计算的特点, 即使在不并行计算的情况下, 它的速度也比文献 [21] 的方法快 8 倍. 2004 年美密会上, Hawkes 和 Rose[47] 指出, 文献 [21] 低估了将已知密钥流比特代入到方程这个步骤的时间复杂度, 并给出这个步骤的计算复杂度估计, 在某些情况下, 该复杂度甚至超过了求解低次方程组的复杂度. 进而, 文献 [47] 给出了一种利用快速傅里叶变换算法提高代入密钥流速度的方法. 下面简介快速代数攻击的基本原理.

快速代数攻击的目的是通过进一步降低方程次数来降低代数攻击的复杂度. 攻击模型包括: 组合生成器、过滤生成器、带记忆组合生成器等基于 LFSR 的序列密码算法. 这种攻击方法适用于初始所得到的方程可以分解为下面形式:

$$
\begin{aligned}
0 &= F(L^t(K), \cdots, L^{t+r-1}(K), z_t, \cdots, z_{t+r-1}) \\
&= G(L^t(K), \cdots, L^{t+r-1}(K)) \oplus H(L^t(K), \cdots, L^{t+r-1}(K), z_t, \cdots, z_{t+r-1}),
\end{aligned}
\tag{3.2.1}
$$

其中 $K = (k_0, k_1, \cdots, k_{n-1})$ 是 LFSR 的初态, L 是状态变换函数, z_t 是 t 时刻的输出, 即 $f(L^t(K)) = z_t$, G 关于变元 K 的次数 (记为 d) 大于 H 关于变元 K 的次数 (记为 e).

形如 (3.2.1) 式的方程称为 "双甲板" 方程 (double-decker equation), 其定义如下:

定义 3.1 对任意正整数 $e < d$, 称形如 $K^d \cup K^e Z^f$ 的多变元方程为次数为 (d, e, f) 的双甲板方程. 换言之, 方程可以分解成只与初态 k_i 有关的高次项部分以及与初态 k_i 和输出 z_j 都有关的低次项部分.

注 3.1 带记忆的组合生成器模型为了消去记忆需要考虑连续多个输出, 得到的双甲板方程中一般 $f > 1$, 而在其他模型中, 一般 $f = 1$, 即只要考虑形如 $K^d \cup K^e Z$ 的方程.

考虑基本代数攻击中的第一种情况 S1, 若 $\deg(g) = e < \deg(fg) = d$, 则可以建立次数为 $(d, e, 1)$ 的双甲板方程 $f(s)g(s) = z_t g(s)$, 其中 $s = L^t(K)$ 表示 t 时刻 LFSR 的状态. 例如, Toyocrypt 算法中, 取 $g(s) = x_{23} \oplus 1$ 或 $x_{42} \oplus 1$, 可以得到次数为 $(3, 1, 1)$ 的双甲板方程 $f(s)g(s) = z_t g(s)$; 而在 LILI-128 中, 取 $g(s) = (x_9 \oplus 1)(x_{10} \oplus 1)$ 可以得到次数为 $(4, 2, 1)$ 的双甲板方程 $f(s)g(s) = z_t g(s)$.

下面记 $E = \sum_{i=0}^{e} \binom{n}{i}, D = \sum_{i=0}^{d} \binom{n}{i}$, 显然, $D \approx \binom{n}{d}, E \approx \binom{n}{e}$. 为叙述方便, 再记

$$
G_t(K) = G(L^t(K), \cdots, L^{t+r-1}(K)),
$$

$$H_t(K, Z) = H(L^t(K), \cdots, L^{t+r-1}(K), z_t, \cdots, z_{t+r-1}),$$

则由 (3.2.1) 式可以得到

$$G_t(K) = H_t(K, Z). \tag{3.2.2}$$

考虑等式左边的连续 s 个值, 若存在常数 $c_0, \cdots, c_{s-1} \in \{0, 1\}$, 使得

$$\bigoplus_{i=0}^{s-1} c_i G_i(K) = 0, \quad \text{对任意初态 } K, \tag{3.2.3}$$

则由 (3.2.2) 式和 (3.2.3) 式知, $\bigoplus_{i=0}^{s-1} c_i H_i(K, Z) = 0$, 从而得到一个关于初态 K 的 e 次方程, 它比方程 (3.2.1) 的次数更低. 由 $G_i(K)$ 的递归结构知, (3.2.3) 式线性关系的系数与 $G_i(K)$ 的初值无关, 即任意时刻都有

$$\bigoplus_{i=0}^{s-1} c_i G_{t+i}(K) = 0, \quad \text{对任意 } t, K. \tag{3.2.4}$$

进而, 若假定序列 $(K, L(K), L^2(K), \cdots)$ 只有一个圈, 则系数的取值与初态 K 无关.

由于 $G_t(K)$ 关于 K 的次数为 d 次, 当 $s \geqslant D = \sum\limits_{i=0}^{d} \binom{n}{i}$ 时, $G_t(K), \cdots,$ $G_{t+s-1}(K)$ 之间必然存在线性关系. 此时若利用 Gauss 消元法寻找其中的线性关系, 计算量约为 D^ω. 下面考虑利用 Berlekamp-Massey 算法求取 (3.2.3) 式中的系数 c_i.

随机选取一个 K', 设 $c_0, c_1, \cdots, c_{s-1} \in \mathbf{F}_2$ 为最少的 s 个值使得下式成立:

$$\bigoplus_{i=0}^{s-1} c_i G_i(K') = 0, \tag{3.2.5}$$

则由 G 的次数为 d, 可知 $s \leqslant D = \sum\limits_{i=0}^{d} \binom{n}{i}$. 计算 $2D$ 个连续值

$$G_0(K'), G_1(K'), \cdots, G_{2D-1}(K').$$

由上述序列利用 Berlekamp-Massey 算法求得 (3.2.5) 式的系数. 假定序列 $(K, L(K), L^2(K), \cdots)$ 只有一个圈, 则系数的取值与初态 K 无关, 此时求取的系数也是 (3.2.4) 式的系数. 也就是说, 对于任意时刻 t 真正的私钥 K 也满足

$$\bigoplus_{i=0}^{s-1} c_i G_{t+i}(K) = 0,$$

从而

$$\bigoplus_{i=0}^{s-1} c_i H_{t+i}(K, Z) = 0. \tag{3.2.6}$$

因 $H_t(K, Z)$ 关于 K 的次数为 e, 已知连续 $D+E = \sum\limits_{i=0}^{d} \binom{n}{i} + \sum\limits_{i=0}^{e} \binom{n}{i} \approx \binom{n}{d}$ 个输出, 可以建立含 $E \approx \binom{n}{e}$ 个方程、$E \approx \binom{n}{e}$ 个变元的 e 次非线性方程组, 用 Gauss 消元法求解的复杂度为 E^ω.

下面总结快速代数攻击的一般步骤, 并简要分析其复杂度.

快速代数攻击可以分成两步:

步骤 1 预计算.

(1) 建立形如 (3.2.2) 式的双甲板方程 $G_t(K) = H_t(K, Z)$, 其中 $G_t(K) = G(L^t(K), \cdots, L^{t+r-1}(K))$ 关于初态 K 的次数为 d;

$H_t(K, Z) = H(L^t(K), \cdots, L^{t+r-1}(K), z_t, \cdots, z_{t+r-1})$ 关于初态 K 的次数为 $e, e < d$.

(2) 由 (3.2.2) 式得到一个关于 K 和密钥流比特的方程, 其中关于 K 的次数为 e.

随机选取一个初态 K', 计算 $G_0(K'), G_1(K'), \cdots, G_{2D-1}(K')$, 并利用 Berlekamp-Massey 算法求取系数 $c_0, c_1, \cdots, c_{s-1} \in \mathbf{F}_2$, 满足: $\bigoplus\limits_{i=0}^{s-1} c_i G_i(K') = 0$ 且 s 为使得 $G_i(K')$ 之间具有线性关系的最小正整数. 假定序列 $(K, L(K), L^2(K), \cdots)$ 只有一个圈, 则系数的取值与初态 K 无关, 从而对于任意时刻 t, 真正的私钥 K 也满足 $\bigoplus\limits_{i=0}^{s-1} c_i G_{t+i}(K) = 0$, 从而 $\bigoplus\limits_{i=0}^{s-1} c_i H_{t+i}(K, Z) = 0$.

步骤 2 利用步骤 1 中得到的 e 次方程进行基本代数攻击.

由于最后所得到的方程 (组) 的次数是影响代数攻击复杂度的主要因素, 如果能成功地完成预计算, 即将方程 (组) 的次数降到 e, 则上述步骤 2 的复杂度将大大降低. 这里, 为完成预计算, 有如下假设:

a. 只使用一个方程, 即最终的方程组是由这一个方程得到的.

b. 所获得的密钥流比特是连续的.

c. 序列 $(K, L(K), L^2(K), \cdots)$ 是周期的, 并且要求生成该序列自动机的状态图只有一个圈.

快速代数攻击的复杂度分为下面几个部分:

(i) 预计算阶段 BM 算法的时间复杂度至多为 $O(D \log_2 D + Dn)$.

(ii) 利用得到的 e 次方程进行基本代数攻击的时间复杂度为 $ED + E^\omega$, 其中 $DE^2/2$ 是将每组连续 s 个密钥流比特代入到方程的复杂度中, 利用 FFT 方法可以降为 $2ED \log_2 D$.

需要说明的是, 快速代数攻击要求已知密钥流比特是连续的, 或是若干组连续的密钥流比特组, 而标准代数攻击中已知密钥流比特可以不是连续的.

第 4 章

序列密码的立方攻击

传统代数攻击对基于线性序列源的序列密码算法比较有效, 为了对 Trivium、Grain 等基于非线性序列源的序列密码算法进行分析, Dinur 和 Shamir 等借鉴高阶差分分析[50-51]、饱和攻击[52-53]、选择 IV (多维立方集) 攻击[54-55] 的思想, 提出了针对黑盒多项式的立方攻击[56], 并给出了对初始化为 767 轮的 Trivium 算法的立方攻击. 随后, Dinur 等又提出了立方测试分析[57-58]、动态立方攻击[59-60] 等方法, 并给出了对 Trivium、Grain 等算法的有效分析[61-75].

立方攻击是代数攻击和差分分析的结合, 它利用不同 IV 下密钥流序列的差分得到关于密钥的一些线性方程, 并由此恢复出密钥. 立方攻击作为一种新兴的密码分析技术, 不仅可以用于序列密码算法的分析[56-75], 而且可以用于分组密码算法[76-77] 和杂凑算法[78-81] 的分析.

本章简要介绍序列密码的立方攻击及其改进的基本原理和方法.

4.1 立方攻击

设某序列密码算法的输出密钥流比特 z 可以表示成关于密钥变元 $\boldsymbol{x} = (x_0, x_1, \cdots, x_{n-1})$ 和 IV 变元 $\boldsymbol{v} = (v_0, v_1, \cdots, v_{m-1})$ 的多项式 f, 即 $z = f(x, v)$. 令 $I = \{v_{i_1}, v_{i_2}, \cdots, v_{i_d}\}$ 是 IV 变元集 $\{v_0, v_1, \cdots, v_{m-1}\}$ 的一个子集, 那么多项式 f 可以写成

$$f(\boldsymbol{x}, \boldsymbol{v}) = t_I \cdot p_I(\boldsymbol{x}, \boldsymbol{v}) \oplus q_I(\boldsymbol{x}, \boldsymbol{v}),$$

其中 $t_I = \prod\limits_{v \in I} v, p_I(\boldsymbol{x}, \boldsymbol{v})$ 中不包含 I 中任意变元, 且 $q_I(\boldsymbol{x}, \boldsymbol{v})$ 中的任意单项式不能被 t_I 整除.

通过对 I 中 d 个 IV 变元赋值, 由 f 可以得到 2^d 个不同的多项式. 可以发现这 2^d 个不同的多项式之和等于 $p_I(\boldsymbol{x}, \boldsymbol{v})$, 即有

$$\bigoplus_{(v_{i_1}, v_{i_2}, \cdots, v_{i_d}) \in \mathbf{F}_2^d} f(\boldsymbol{x}, \boldsymbol{v}) = p_I(\boldsymbol{x}, \boldsymbol{v}).$$

在立方攻击中, I 中变元称为**立方变元**, 剩余的 IV 变元称为**非立方变元**, 包含 d 个立方变元的所有 2^d 个取值 (非立方变元固定成常值) 的集合 C_I 称为**立方集**, 多项式 $p_I(x, v)$ 称为 C_I 在 $f(x, v)$ 中的**超多项式**. 为叙述方便, 本章中简记 p_I 为 I 在 $f(x, v)$ 中的**超多项式**. 若无特殊说明, 本章默认将非立方变元设置成常值 0.

例如, 设

$$f(x_1, x_2, x_3, x_4, x_5) = x_1 x_2 x_3 \oplus x_1 x_2 x_4 \oplus x_2 x_4 x_5 \oplus x_1 x_2 \oplus x_3 x_5 \oplus x_2 \oplus x_5 \oplus 1,$$

选择 $I = \{1, 2\}, t_I = x_1 x_2$, 则可以得到

$$f(x_1, x_2, x_3, x_4, x_5) = x_1 x_2 (x_3 \oplus x_4 \oplus 1) \oplus x_2 x_4 x_5 \oplus x_3 x_5 \oplus x_2 \oplus x_5 \oplus 1,$$

容易验证

$$\bigoplus_{x_1, x_2 \in \mathbf{F}_2} f(x_1, x_2, x_3, x_4, x_5) = x_3 \oplus x_4 \oplus 1,$$

超多项式 $p_I = x_3 \oplus x_4 \oplus 1$ 为线性多项式.

4.1.1 立方攻击的主要步骤

立方攻击主要包含预处理和在线攻击两个阶段.

(1) **预处理阶段** 随机选择立方变元集 I, 计算出相应的超多项式 p_I 并进行线性多项式测试. 保留通过线性多项式测试的立方变元集. 该阶段的目的是为了得到关于密钥的线性方程组. (为得到关于密钥的更多方程, 也可以寻找具有低次超多项式的立方变元集.)

(2) **在线攻击阶段** 对预处理阶段中获得的立方变元集, 通过查询加密预言机计算其超多项式在真实密钥下的取值, 从而建立关于密钥变元的线性方程组. 具体地, 对于立方变元集 I, 需要进行 $2^{|I|}$ 次查询才能建立方程. 最后, 通过求解方程获得密钥信息.

上述攻击过程中, 预处理阶段假定攻击者可以获得任意密钥和 IV 对应的密钥流序列, 在线阶段假定攻击者可以获得真实密钥和任意选择 IV 对应的密钥流序列. 由于函数 $f(x, v)$ 的形式未知, 需要选择合适的立方变元集, 通过查询加密预言机计算相应的超多项式, 并判断超多项式是否为线性多项式. 攻击中包含如下几个关键步骤:

(1) **立方变元集 I 的选择** 具体攻击模型中, 希望选择特定的 IV 集合求和, 使得对应的超多项式 p_I 为线性函数. 当多项式 $f(x, v)$ 具体形式未知时, 通常随机选择指标集 I, 计算出 p_I 并进行线性多项式测试. 若 p_I 为常数值, 说明指标集 I 太大, 需要删去变元. 若 p_I 为非线性多项式, 说明指标集 I 太小, 需要增加变元. 上述选择立方变元集的过程可以离线完成. 立方集的维数越大, 能够找到的线性多项式越多, 计算复杂度也越大, 目前只能对 40 维左右的立方集进行实际检测.

(2) **线性多项式测试**　攻击过程中需要测试超多项式 p_I 是否为线性多项式，其中 $p_I(\boldsymbol{x}, \boldsymbol{v}) = \bigoplus\limits_{v \in C_I} f(\boldsymbol{x}, \boldsymbol{v})$ 为多项式 $f(\boldsymbol{x}, \boldsymbol{v})$ 在某个立方集 C_I 上的和，它是关于其他非立方变元的布尔函数，通过查询加密预言机可以计算出 p_I 在某些点的取值.

下面以一般 n 元布尔函数 $f(X) = f(x_1, \cdots, x_n)$ 为例介绍线性多项式的测试方法. 随机取两组输入 X_1 和 X_2，查询函数值 $f(0), f(X_1), f(X_2), f(X_1 \oplus X_2)$，并判断等式

$$f(X_1) \oplus f(X_2) \oplus f(0) = f(X_1 \oplus X_2)$$

是否成立. 若等式不成立，则 f 不是线性函数. 随机选择 10 组输入对 (X_1, X_2)，若它们都能通过上述线性多项式测试，则断言 $f(X)$ 为线性多项式. 之后再如下确定线性多项式 $f(X)$ 的系数.

(3) **确定线性函数 $f(X)$ 的代数正规型**　设 $E_i = (0, \cdots, 0, 1, 0, \cdots, 0)$ 是 n 维向量且仅第 i 个分量等于 $1, i = 1, 2, \cdots, n$. 查询函数值 $f(0) = c_0, f(E_1) = c_1, f(E_2) = c_2, \cdots, f(E_n) = c_n$，则线性函数 $f(x_1, \cdots, x_n)$ 的代数正规型为

$$f(x_1, \cdots, x_n) = (c_n \oplus c_0)x_n \oplus (c_{n-1} \oplus c_0)x_{n-1} \oplus \cdots \oplus (c_1 \oplus c_0)x_1 \oplus c_0.$$

(4) **二次多项式检测**　为了得到更多的关于密钥的低次方程，有时也需要寻找二次超多项式. 二次多项式的检测方法与线性多项式检测类似. 随机取 3 组输入 X_1, X_2, X_3，查询函数值 $f(0), f(X_1), f(X_2), f(X_3), f(X_1 \oplus X_2), f(X_1 \oplus X_3), f(X_2 \oplus X_3), f(X_1 \oplus X_2 \oplus X_3)$，并判断

$$f(X_1 \oplus X_2 \oplus X_3) = f(0) \oplus f(X_1) \oplus f(X_2) \oplus f(X_3) \oplus f(X_1 \oplus X_2)$$
$$\oplus f(X_1 \oplus X_3) \oplus f(X_2 \oplus X_3)$$

是否成立. 随机选择 10 组输入对 (X_1, X_2, X_3)，若它们都能通过上述线性多项式测试，则断言 $f(X)$ 为二次多项式. 类似确定 $f(X)$ 的代数表达式.

4.1.2　Trivium 算法的立方攻击

Trivium 算法[15] 是 eSTREAM 计划的胜选算法之一，算法采用 3 个非线性反馈移位寄存器的串联结构，总级数为 288 级，如图 4.1 所示. 非线性反馈部分由与和异或构成，来自 3 个非线性反馈移位寄存器的各两个比特异或后输出密钥流序列.

Trivium 算法的密钥和 IV 长度均为 80 比特，总的初始化轮数为 1152 轮. 2009 年，Dinur 和 Shamir[56] 给出了对初始化轮数为 672, 735 和 767 的 Trivium 算法的有效立方攻击.

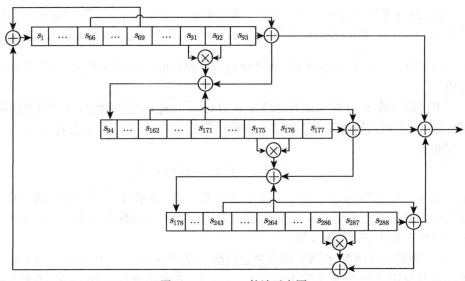

图 4.1 Trivium 算法示意图

以初始化轮数为 672 的 Trivium 算法为例, 在预处理阶段, 他们得到了 63 个相互独立的线性方程, 对应的立方集 C_I 都是 12 维的, 所用的密钥流比特位置是 672 到 685, 表 4.1 给出了他们得到的部分立方变元集及相应的超多项式 (表 4.1).

表 4.1 672 轮初始化 Trivium 算法的部分立方变元集和超多项式

超多项式	立方变元集	输出比特位置
$1 + x_0 + x_9 + x_{50}$	{2,13,20,24,37,42,43,46,53,55,57,67}	675
$1 + x_0 + x_{24}$	{2,12,17,25,37,39,46,48,54,56,65,78}	673
$1 + x_1 + x_{10} + x_{51}$	{3,14,21,25,38,43,44,47,54,56,58,68}	674
$1 + x_1 + x_{25}$	{3,13,18,26,38,40,47,49,55,57,66,79}	672
$1 + x_2 + x_{34} + x_{62}$	{0,5,7,18,21,32,38,43,59,67,73,78}	678
$1 + x_3 + x_{35} + x_{63}$	{1,6,8,19,22,33,39,44,60,68,74,79}	677
x_4	{11,18,20,33,45,47,53,60,61,63,69,78}	675
x_5	{5,14,16,18,27,31,37,43,48,55,63,78}	677
x_7	{1,3,6,7,12,18,22,38,47,58,67,74}	675
$1 + x_8 + x_{49} + x_{68}$	{1,12,19,23,36,41,42,45,52,54,56,66}	676
x_{11}	{0,4,9,11,22,24,27,29,44,46,51,76}	684
x_{12}	{0,5,8,11,13,21,22,26,36,38,53,79}	673
x_{13}	{0,5,8,11,13,22,26,36,37,38,53,79}	673
$1 + x_{14}$	{2,5,7,10,14,24,27,39,49,56,57,61}	672
x_{15}	{0,2,9,11,13,37,44,47,49,68,74,78}	685
x_{16}	{1,6,7,12,18,21,29,33,34,45,49,70}	675
x_{17}	{1,6,7,12,18,21,29,33,34,45,49,70}	675

在在线攻击阶段, 通过对 63 个 12 维立方集查询求和, 得到线性方程的值, 从

而可以建立一个含 63 个线性方程的方程组. 用线性代数的方法解这个方程组可以得到 63 比特密钥, 余下的 17 比特密钥可以通过穷举得到, 需要的选择 IV 总数为 2^{18}, 攻击的总体复杂度为 2^{19}, 而在此之前最佳攻击的计算复杂度为 2^{55}.

4.2 立方攻击的改进

在传统的立方攻击中, 攻击者主要通过线性检测和二次检测等概率检测方法来寻找低次超多项式, 从而建立关于密钥变元的低次方程组. 例如, 2009 年, Dinur 和 Shamir[56] 利用线性检测方法给出了 767 轮初始化的 Trivium 算法的 35 个线性超多项式. 同年, Aumasson 等[57] 基于立方攻击的思想提出了立方测试方法, 并给出了 790 轮初始化的 Trivium 算法的区分攻击. 2011 年, Mroczkowski 等[58] 将二次检测引入到立方攻击中, 对于 709 轮初始化的 Trivium 算法, 给出了 41 个线性超多项式和 38 个二次超多项式, 利用这些超多项式, 可以直接恢复出 80 比特密钥.

2013 年, Fouque 和 Vannet[61] 将立方攻击和 Möebius 变换结合, 使之可以同时对多个立方变元集进行检测, 并且针对 Trivium 算法给出了一个递归构造候选立方变元集的方法, 利用这些方法, 作者分别给出了 784 轮初始化和 799 轮初始化的 Trivium 算法的密钥恢复攻击. 特别地, 对初始化轮数为 784 的简化 Trivium 算法, 他们找到了 42 个关于密钥的线性关系, 对应的立方集都是 35 维的, 解这个方程组可以得到 42 比特密钥, 余下的 38 比特密钥可以通过穷举得到, 攻击需要的选择 IV 总数约为 2^{41}, 攻击的总体复杂度约为 2^{39}. 对初始化轮数为 799 的简化 Trivium 算法, 他们找到了 12 个关于密钥的线性关系、6 个关于密钥的二次关系, 余下的 62 比特密钥可以通过穷举得到, 攻击的总体复杂度约为 2^{62}.

对于一个给定的立方变元集 I, 对其超多项式进行线性检测的复杂度是 $c \cdot 2^{|I|}$, 其中 c 是一个常数. 通常情况下, 攻击者最高只能对 40 维左右的立方集进行实验性检测, 这在很大程度上限制了立方攻击的效果. 2017 年, Todo 等[64] 将可分性应用到立方攻击中, 这使得攻击者能够利用更高维数的立方集. 对于一个给定的立方变元集 I, Todo 等通过建立和求解 MILP 模型来确定 I 的超多项式中出现的密钥变元. 然后, 对随机选择的非立方变元的赋值进行测试, 直到找到一组合适的赋值使得对应的超多项式为非常值多项式. 利用基于可分性的立方攻击, 作者给出了对 832 轮 Trivium 算法的密钥恢复攻击, 他们用到的立方集的维数为 72, 计算复杂度为 2^{77}. 2018 年美密会上, Wang 等[66] 利用 flag 技术通过求解 MILP 模型来寻找合适的非立方变元的赋值, 并利用代数次数估计、精确项枚举、松弛项枚举等技术给出了对 839 轮 Trivium 算法的密钥恢复攻击.

2019 年亚密会 (Asiacrypt) 上, Wang 等[67] 提出了基于比特的三子集可分性技术, 实现了对三子集可分性的 MILP 建模. 2020 年欧密会上, Hao 等[68] 提出了不含未知子集的三子集可分性的 MILP 建模方法, 并给出了 841 轮 Trivium 算法的密钥恢复攻击. 2021 年, Hu 等[69] 提出了嵌套单项预测技术, 成功给出了 845 轮 Trivium 算法的密钥恢复攻击, Sun[70] 提出了恢复超多项式的分治算法, 并成功恢复了 843 轮 Trivium 算法的一个平衡超多项式. 2022 年亚密会上, Hu 等[71] 引入有效项、非零比特可分性、核心单项预测等多种新技术, 并成功恢复了 848 轮 Trivium 算法的超多项式, 这是目前能够恢复的轮数最高的超多项式.

在立方攻击的基础上, 2011 年, Dinur 和 Shamir 等提出了动态立方攻击[59-60]. 动态立方攻击的主要思想是通过零化一些关于密钥变元和 IV 变元的表达式以简化输出比特 $f(x, v)$ 的代数正规型, 从而使得 $f(x, v)$ 的高阶差分函数表现出不随机性. 由于零化过程中需要猜测一部分密钥表达式的值, 所以通过检测 $f(x, v)$ 的高阶差分函数的非随机性可以确定猜测值的正确性, 进而恢复密钥信息. 基于该思想, 动态立方攻击被成功应用于 Grain 系列算法上[59-60,72-73], 并给出了对全轮 Grain-128 的密钥恢复攻击.

此外, 2017 年美密会上, Liu 提出了一个针对基于 NFSR 密码算法的代数次数估计算法, 并给出了 Trivium 算法一些高轮数的零和区分器[63]. 2018 年, 基于文献 [63] 中的代数估计算法, Liu 等提出了相关立方攻击, 并给出了对 835 轮初始化的 Trivium 算法的相关立方攻击, 平均可以恢复 5 个密钥比特[74].

习题一

1. 已知某线性反馈移位寄存器的特征函数为 $x^4 + x + 1$, 若寄存器的初态为 (0001), 给出该线性反馈移位寄存器输出的前 20 比特.

2. 已知非线性函数 $h(x_0, x_1, x_2, x_3) = x_0 \oplus x_1 x_2 \oplus x_2 x_3 \oplus x_3$, 给出函数 h 的一个线性逼近关系式, 并给出该线性逼近关系成立的概率.

3. 已知组合生成器的非线性组合函数为 $g(x_1, x_2, x_3) = x_1 \oplus x_2 x_3$, 三个线性反馈移位寄存器的特征函数分别为 $x^{19} + x^5 + x^2 + x + 1$, $x^{22} + x + 1$, $x^{23} + x^{15} + x^2 + x + 1$, 计算组合生成器的输出序列 $\underline{z}$ 与第一个寄存器的输出序列 $\underline{a}$ 的符合率, 并分析大约需要 $\underline{z}$ 的多少比特可以恢复出第一个寄存器的初态.

4. 已知某非线性过滤生成器的过滤函数为 $g(x_1, x_2, x_3, x_4, x_5) = x_1 \oplus x_2 x_3 \oplus x_3 x_4 x_5$, 线性反馈移位寄存器的级数为 80 级, 试给出函数 g 的一个低次倍式, 并分析利用这个低次倍式对该非线性过滤生成器进行代数攻击的复杂度.

5. 已知布尔函数 $g(x_1, x_2, x_3, x_4, x_5) = x_1 \oplus x_2 x_3 x_4 \oplus x_3 x_4 x_5$, 当 x_3, x_4 遍历时, 计算 $\bigoplus\limits_{x_3, x_4 \in \mathbf{F}_2} g(x_1, x_2, x_3, x_4, x_5)$.

6. 对于只提供查询操作的黑盒多项式, 如何判断该多项式是线性多项式?

7. 给出初始化轮数为 576 的 Trivium 算法的超多项式.

参考文献

[1] Rueppel R. Analysis and Design of Stream Ciphers. Berlin: Springer-Verlag, 1986.

[2] Golomb S. Shift Register Sequences. Singapore: World Scientific, 1982.

[3] Briceno M, Goldberg I, Wagner D. A pedagogical implementation of A5/1. 2003. http: //jya.com/a51-pi.htm.

[4] ETSI/SAGE. Specification of the 3GPP confidentiality and integrity algorithms UEA2 & UIA2. Document 2: SNOW 3G specification, draft version 0.5, 2005.

[5] ETSI/SAGE TS 35.222. Specification of the 3GPP Confidentiality and Integrity Algorithms 128-EEA3 & 128-EIA3. Document 2: ZUC Specification, version: 1.6, 2011.

[6] BluetoothTM SIG. Bluetooth Specification. Version 1.0 A, 1999.

[7] Anonymous: RC4 source code. CypherPunks mailing list, 1994. http://cypherpunks. venona.com/date/1994/09/msg00304.html.

[8] Bernstein D Jl. Chacha, a variant of salsa20. // Workshop record of SASC, 2008, 8: 3-5. https://cr.yp.to/chacha/chacha-20080128.pdf.

[9] Massey J L. Shift register synthesis and BCH decoding. IEEE Transactions on Information Theory, IT-15, 1969: 22-27.

[10] AES: The Advanced Encryption Standard (NIST FIPS Pub 197). 2001, http://competitions.cr.yp.to/ aes.html.

[11] NESSIE: New European Schemes for Signatures, Integrity and Encryption. 2001, http: //en.wikipedia.org/wiki/ECRYPT.

[12] ECRYPT: European Network of Excellence for Cryptology, 2004, http://www.ecrypt.eu. org/.

[13] SHA-3: a Secure Hash Algorithm. NIST Draft FIPS Publication 202 (April 2014). http://en.wikipedia.org/wiki/SHA-3. (2007.1-2012.10)

[14] CAESAR: Competition for Authenticated Encryption: Security, Applicability, and Robustness. 2013. http://competitions.cr.yp.to/caesar.html.

[15] Cannière C D, Preneel B. Trivium//Robshaw M, Billet O, ed. New Stream Cipher Designs, LNCS 4986. Berlin: Springer-Verlag, 2008: 244-266.

[16] Hell M, Johansson T, Maximov A, et al. The Grain family of stream ciphers// Robshaw M, Billet O, ed. New Stream Cipher Designs, LNCS 4986, Berlin: Springer-Verlag, 2008: 179-190.

[17] Siegenthaler T. Decrypting a class of stream ciphers using ciphertext only. IEEE Trans. Computers, 1985, 34(1): 81-85.

[18] Meier W, Staffelbach O. Fast correlation attacks on stream ciphers. Advances in Cryptology EUROCRYPT'88, LNCS 330, Springer-Verlag, 1988: 301-314.

[19] Meier W, Staffelbach O. Fast correlation attacks on certain stream ciphers. Journal of Cryptology, 1989, 1: 159-176.

[20] Courtois N, Meier W. Algebraic attacks on stream ciphers with linear feedback. Advances in Cryptology−EUROCRYPT 2003, LNCS 2656, Berlin: Springer-Verlag, 2003: 345-359.

[21] Courtois N. Fast algebraic attacks on stream ciphers with linear feedback. Advances in Cryptology−CRYPTO 2003, LNCS 2729, Springer-Verlag, 2003: 176-194.

[22] Dawson E, Clark A, Golić J, et al. The LILI-128 keystream generator. Proceedings of first NESSIE Workshop, Heverlee, Belgium, 2000.

[23] Jönsson F, Johansson T. A fast correlation attack on LILI-128. Information Processing Letters, 2002, 81:127-132.

[24] Kipnis A, Shamir A. Cryptanalysis of the HFE public key cryptosystem by Relinearization. Advances in Cryptology−CRYPTO 1999, LNCS 1666, Berlin: Springer-Verlag, 1999: 19-30.

[25] Courtois N, Klimov A, Patarin J, et al. Efficient algorithms for solving overdefined systems of multivariate polynomial equations. In: Advances in Cryptology−EUROCRYPT 2000, LNCS 1807, Berlin: Springer-Verlag, 2000: 392-407.

[26] Courtois N, Pieprzyk J. Cryptanalysis of block ciphers with overdefined systems of equations. Advances in Cryptology−ASIACRYPT 2002, LNCS 2501, Berlin: Springer-Verlag, 2002: 267-287.

[27] Dinur I, Shamir A. Cube attacks on tweakable black box polynomials. Joux A. EUROCRYPT 2009, LNCS 5479, 2009: 278-299.

[28] Aumasson J P, Dinur I, Meier W, et al. Cube testers and key recovery attacks on reduced-round MD6 and Trivium. Dunkelman O. FSE 2009, LNCS 5665, 2009: 1-22.

[29] Dinur I, Shamir A. Breaking Grain-128 with Dynamic Cube Attacks. Joux A. FSE 2011, LNCS 6733, 2011: 167-187.

[30] Dinur I, Güneysu T, Paar C, et al. An experimentally verified attack on full grain-128 using dedicated reconfigurable hardware// Lee D H, Wang X, ed. ASIACRYPT 2011, LNCS 7073, 2011: 327-343.

[31] Fouque P A, Vannet T. Improving Key Recovery to 784 and 799 rounds of Trivium using Optimized Cube Attacks.// Moriai S, ed. FSE 2013, LNCS 8424, 2014: 502-517.

[32] Johansson T, Jönsson F. Improved fast correlation attacks on stream ciphers via convolutional codes. Advances in Cryptology−EUROCRYPT 1999, LNCS 1592, Berlin: Springer-Verlag, 1999: 347-362.

[33] Johansson T, Jönsson F. Fast correlation attacks based on turbo code techniques. Advances in Cryptology−CRYPTO 1999, LNCS 1666, Berlin: Springer-Verlag, 1999: 181-197.

[34] Johansson T, Jönsson F. Fast correlation attacks through reconstruction of linear polynomials. Advances in Cryptology−CRYPTO 2000, LNCS 1880, Springer-Verlag, 2000: 300-315.

[35] Canteaut A, Trabbia M. Improved fast correlation attacks using parity-check equations of weight 4 and 5. Advances in Cryptology−EUROCRYPT 2000, LNCS 1807, Berlin: Springer-Verlag, 2000: 573-588.

[36] Chepyzhov V V, Johansson T, Smeets B. A simple algorithm for fast correlation attacks on stream ciphers. Fast Software Encryption−FSE 2000, LNCS 1978, Berlin: Springer-Verlag, 2001, 181-195.

[37] Mihaljević M, Fossorier M, Imai H. Fast correlation attack algorithm with list decoding and an application. Fast Software Encryption−FSE 2001, LNCS 2355, Springer-Verlag, 2002: 196-210.

[38] Chose P, Joux A, Mitton M. Fast correlation attacks: an algorithmic point of view. Advances in Cryptology − EUROCRYPT 2002, LNCS 2332, Springer-Verlag, 2002: 209-221.

[39] Jönsson F. Some results on fast correlation attacks. Lund: Lund University, 2002.

[40] Molland H, Mathiassen J E, Helleseth T. Improved fast correlation attack using low rate codes. Cryptography and Coding 2003, LNCS 2898, 2003: 67-81.

[41] Wu H, Preneel B. Cryptanalysis of the Stream Cipher ABC v2. http://www.ecrypt.eu. org/stream/papersdir/2006/029, 2006.

[42] Zhang H N, Li L, Wang X Y. Fast correlation attack on stream cipher ABC v3. http://www.ecrypt.eu.org/stream/papersdir/2006/049, 2006.

[43] Saarinen M J O. A time-memory tradeoff attack against LILI-128// Daemen J, Rijmen V. FSE 2002, LNCS 2365, 2002: 231-236.

[44] Armknecht F, Krause M. Algebraic attacks on combiners with memory. Advances in Cryptology−CRYPTO 2003, LNCS 2729, Berlin: Springer-Verlag, 2003: 162-175.

[45] Armknecht F. Improving fast algebraic attacks. Fast Software Encryption − FSE 2004, LNCS 3017, Berlin, Germany: Springer-Verlag, 2004: 65-82.

[46] Meier W, Pasalic E, Carlet C. Algebraic attacks and decomposition of Boolean functions. EUROCRYPT 2004, LNCS 3027, 2004: 474-491.

[47] Hawkes P, Rose G. Rewriting variables: The complexity of fast algebraic attacks on stream ciphers. Advances in Cryptology−CRYPTO 2004, LNCS 3152, Berlin, Germany: Springer-Verlag, 2004: 390-406.

[48] Courtois N. Algebraic attacks on combiners with memory and several outputs. Information Security and Cryptology−ICISC 2004, LNCS 3506, Berlin: Springer-Verlag, 2005: 3-20.

[49] Armknecht F, Carlet C, Gaborit P, et al. Efficient computation of algebraic immunity for algebraic and fast algebraic attacks. Advances in Cryptology−EUROCRYPT 2006, LNCS 4004, Berlin: Springer-Verlag, 2006: 147-164.

[50] Lai X J. Higher order derivatives and differential cryptanalysis. Communications and Cryptography, The Springer International Series in Engineering and Computer Science (276), 1994: 227-233.

[51] Knudsen L R. Truncated and higher order differentials. International Workshop on Fast

Software Encryption 1994, LNCS 1008. Berlin: Springer-Verlag, 1994: 227-233.

[52] Lucks S. The saturation attack: A bait for Twofish. International Workshop on Fast Software Encryption 2001, LNCS 2335. Berlin: Springer-Verlag, 2001: 1-15.

[53] Hwang K, Lee W, Lee S, et al. Saturation attacks on reduced round skipjack. International Workshop on Fast Software Encryption 2002, LNCS 2365. Berlin: Springer-Verlag, 2002: 100-111.

[54] Englund H, Johansson T, Turan M S. A framework for chosen IV statistical analysis of stream ciphers. INDIACRYPT 2007, LNCS 4859. Berlin: Springer-Verlag, 2007: 268-281.

[55] Fischer S, Khazaei S, Meier W. Chosen IV statistical analysis for key recovery attacks on stream ciphers. AFRICACRYPT 2008, LNCS 5023. Berlin: Springer-Verlag, 2008: 236-245.

[56] Dinur I, Shamir A. Cube attacks on tweakable black box polynomials// Joux A, ed. EUROCRYPT 2009, LCNS 5479. Berlin: Springer-Verlag, 2009: 278-299.

[57] Aumasson J P, Dinur I, Meier W, et al. Cube testers and key recovery attacks on reduced-round MD6 and Trivium// Dunkelman O, ed. FSE 2009, LNCS 5665, 2009: 1-22.

[58] Mroczkowski P, Szmidt J. Corrigendum to: The cube attack on stream cipher Trivium and quadraticity tests. Cryptology ePrint Archive, 2011. https://eprint.iacr.org/2011/32.pdf.

[59] Dinur I, Shamir A. Breaking Grain-128 with dynamic cube attacks// Joux A, ed. FSE 2011, LNCS 6733, 2011: 167-187.

[60] Dinur I, Güneysu T, Paar C, et al. An experimentally verified attack on full Grain-128 using dedicated reconfigurable hardware// Lee D H, Wang X, ed. ASIACRYPT 2011, LNCS 7073, , 2011: 327-343.

[61] Fouque P A, Vannet T. Improving Key Recovery to 784 and 799 rounds of Trivium using Optimized Cube Attacks// Moriai S, ed. FSE 2013, LNCS 8424, 2014: 502-517.

[62] Rahimi M, Barmshory M, Mansouri M H, et al. Dynamic cube attack on Grain-v1. IET Information Security, 2016, 10(4): 165-172.

[63] Liu M C. Degree evaluation of NFSR-based cryptosystems. Advances in Cryptology CRYPTO 2017, LNCS 10403. Berlin: Springer-Verlag, 2017: 227-249.

[64] Todo Y, Isobe T, Hao Y L, et al. Cube attacks on nonblackbox polynomials based on division property. Advances in Cryptology CRYPTO 2017, LNCS 10403. Berlin: Springer-Verlag, 2017: 250-279.

[65] Todo Y, Isobe T, Hao Y L, et al. Cube attacks on nonblackbox polynomials based on division property. IEEE Transactions on Computers, 2018, 67(12): 1720-1736.

[66] Wang Q J, Hao Y L, Todo Y, et al. Improved division property based cube attacks exploiting algebraic properties of superpoly. Advances in Cryptology CRYPTO 2018, LNCS 10991. Berlin: Springer-Verlag, 2018: 275-305.

[67] Wang S, Hu B, Guan J, et al. MILP-aided method of searching division property

using three subsets and spplications// Galbraith S, Moriai S, ed. Advances in Cryptology−ASIACRYPT 2019. LNCS 11923. Cham: Springer, 2019.

[68] Hao Y, Leander G, Meier W, et al. Modeling for three-subset division property without unknown subset// Canteaut A, Ishai Y, ed. Advances in Cryptology−EUROCRYPT 2020. LNCS 12105. Cham: Springer, 2020.

[69] Hu K, Sun S, Todo Y, et al. Massive superpoly recovery with nested monomial predictions// Tibouchi M, Wang H, ed. Advances in Cryptology−ASIACRYPT 2021. LNCS 13090. Cham: Springer, 2021.

[70] Sun Y. Automatic search of cubes for attacking stream ciphers. IACR Transactions on Symmetric Cryptology, 2021(4): 100-123.

[71] He J, Hu K, Preneel B, et al. Stretching cube attacks: Improved methods to recover massive superpolies// Agrawal S, Lin D. Advances in Cryptology−ASIACRYPT 2022. Lecture Notes in Computer Science, vol. 13794. Cham: Springer, 2022.

[72] Rahimi M, Barmshory M, Mansouri M H, et al. Dynamic cube attack on Grain-v1. IET Information Security, 2016, 10(4): 165-172.

[73] Banik S. A dynamic cube attack on 105 round Grain v1. Cryptology ePrint Archive, 2014. https://eprint.iacr.org/ 2014/652.pdf.

[74] Liu M C, Yang J C, Wang W H, et al. Correlation cube attacks: From weak-key distinguisher to key recovery. Advances in Cryptology EUROCRYPT 2018, LNCS 10821. Berlin: Springer-Verlag, 2018: 715-744.

[75] Kesarwani A, Roy D, Sarkar S, et al. New cube distinguishers on NFSR-based stream ciphers. Designs, Codes and Cryptography, 2020, 88(1): 173-199.

[76] Ahmadian Z, Rasoolzadeh S, Salmasizadeh M, et al. Automated dynamic cube attack on block ciphers: Cryptanalysis of SIMON and KATAN. Cryptology ePrint Archive, 2015. https://eprint.iacr.org/ 2015/40.pdf.

[77] Dinur I, Shamir A. Side channel cube attacks on block ciphers. Cryptology ePrint Archive, 2009. https://eprit.iacr.org/2009/127.pdf.

[78] Song L, Guo J, Shi D P, et al. New MILP modeling: Improved conditional cube attacks on Keccak-based constructions. Advances in Cryptology ASIACRYPT 2018, LNCS 11273. Berlin: Springer-Verlag, 2018: 65-95.

[79] Dinur I, Morawiecki P, Pieprzyk J, et al. Cube attacks and cube-attack-like cryptanalysis on the round-reduced Keccak sponge function. Advances in Cryptology EURO-CRYPT 2015, LNCS 9056. Berlin: Springer-Verlag, 2017: 733-761.

[80] Li Z, Bi W Q, Dong X Y, et al. Improved conditional cube attacks on Keccak keyed modes with MILP method. Advances in Cryptology ASIACRYPT 2017, LNCS 10624. Berlin: Springer-Verlag, 2017: 99-127.

[81] Huang S Y, Wang X Y, Xu G W, et al. Conditional cube attack on reduced-round Keccak sponge function. Advances in Cryptology EUROCRYPT 2017, LNCS 10211. Berlin: Springer-Verlag, 2017: 259-288.

第二部分 *Part 2*

分组密码分析

　　分组密码 (block cipher) 作为对称密码的重要组成部分, 具有加解密速度快、易于软硬件实现和便于标准化等优点. 不仅可以在网络协议中实现数据加密、消息鉴别、身份认证及密钥管理, 而且可以作为其他重要密码体制, 如序列密码、哈希函数等的核心组件. 分组密码分析与设计是一对矛和盾的关系, 对分组密码的分析可以促进设计方法的发展. 分组密码分析方法中最著名的莫过于差分分析与线性分析, 也是分组密码设计时首要考虑的安全准则. 随着分组密码设计结构的改变与分析技术的发展, 密码研究者又提出了许多其他的重要分析方法.

　　本部分包含五章内容, 前一章为分组密码概述, 后四章依次介绍分组密码的差分分析、线性分析、自动化分析和其他分析方法, 包括不可能差分分析、零相关线性分析、积分分析等重要分析方法.

第 5 章

分组密码概述

5.1 分组密码发展概述

分组密码在网络信息安全中有着广泛的应用, 可以实现数据加密、消息认证和密钥管理, 是保障网络空间安全的核心技术之一. 分组密码的发展伴随着标准化的过程. 分组密码设计的基本原则包括混乱原则和扩散原则[1]. 混乱原则要求密文与明文和密钥之间的关系要足够复杂, 这一原则主要依靠密码算法中的非线性变换来实现. 扩散原则要求每个密文比特都受到每个明文比特和密钥比特的影响, 即当明文或者密钥的一个比特发生变化时, 密文的每个比特都有可能发生变化. 分组密码的公开研究始于 20 世纪 70 年代末 DES 算法的公布[2], 随后推出了许多类 DES 结构的算法, 如 LOKI、FEAL 等. 随着计算能力的提升和网络的发展, DES 最初设计的 56 比特密钥长度已经不能满足安全的需求. 1999 年, 分布式计算平台 Distributed. net 组织协同利用 10 万台普通计算机, 通过分布式计算, 成功在 1 天内穷举搜索得到了 DES 密钥. 此外, 随着分组密码分析技术的发展, 特别是差分分析[3] 和线性分析[4] 相继提出, DES 的时代落幕.

1997 年, 美国国家标准与技术研究所 NIST 向全球发起了高级数据加密标准 AES 竞赛[5]. 历经三年, 经过三轮筛选, 从 15 个候选算法中确定 Rijndael 算法[6] 成为最终的获胜者, 取代 DES 算法成为美国的数据加密标准算法, AES 算法对差分分析和线性分析具有较强的抵抗能力. 2003 年, NESSIE 工作组[7] 公布了包括分组密码、公钥密码、认证码、杂凑函数和数字签名在内的 17 个标准算法, 其中 SHACAL-2[8]、MISTY1[9]、Camellia[10] 三个分组密码算法连同 AES 算法一起作为欧洲新世纪的分组密码标准算法. 亚洲国家也相继开始了分组密码标准的征集. 中国国家密码管理局于 2006 年公布了用于无线局域网的 SMS4 算法[11], 2019 年国家密码管理局再次指导举办分组密码算法设计竞赛. 韩国则推出了分组密码加密标准 ARIA 算法[12], 日本启动了 CRYPTREC 项目[13], 确立了包括 AES、3DES 等在内的 9 个分组密码标准. 与此同时, 各行各业也开始更新应用分组密码, 如欧洲有线电视系统加密算法 FOX[14], PGP 软件文件加密算法 IDEA[15], 3GPP 加密和消息认证算法 KASUMI[16] 等.

近年来, 经济的发展和生活的需要催生新的应用环境和数据保护需求. 计算和通信功能开始在物联网硬件平台, 如射频识别 RFID 标签和无线传感器网络等硬件资源严格限制、计算和存储能力有限的设备中应用. 为了给这类受限设备和环境提供数据保护, 轻量级分组密码应运而生, 出现了诸如 PRESENT[17]、HIGHT[18]、LBlock[19]、Sparx[20]、Simeck[21]、GIFT[22] 算法以及美国国家安全局 NSA 提出的 SPECK 和 SIMON[23] 算法等. 在这些轻量级密码中, 仅由模加运算 (addition)、循环移位运算 (rotation) 与异或运算 (XOR) 构成的 ARX 算法, 因其具有较高的安全性、易于软件和硬件高效实现而备受瞩目.

5.2 分组密码的基本概念和典型结构

5.2.1 分组密码的基本概念

将明文消息数据 $m = m_0, m_1, \cdots$ 按 n 位长分组, 对各明文组逐组进行加密称为分组密码. 分组密码的模型如图 5.1 所示.

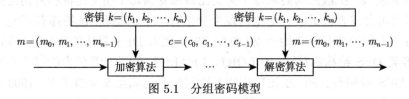

图 5.1 分组密码模型

假设第 i 个明文组为

$$m^i = (m_{(i-1)n}, m_{(i-1)n+1}, \cdots, m_{in-1}),$$

加密变换 E_k 随着密钥 k 的确定而完全确定, 它把第 i 组明文加密成密文

$$c^i = (c_{(i-1)t}, c_{(i-1)t+1}, \cdots, c_{it-1}) = E_k(m^i).$$

当 $i \neq j$ 时, 如果由 $m^i = m^j$ 可得 $c^i = c^j$, 则称该分组密码为非时变的, 此时称其加密器为无记忆逻辑电路. 为了保证这种分组密码的安全性, 必须使 n 充分大. 如果每加密一组明文后, 即改变一次密钥, 则称此分组密码是时变的, 称其加密器为记忆逻辑电路. 若 $t > n$, 称上述分组密码为有数据扩展的分组密码; 若 $t < n$, 称上述分组密码为有数据压缩的分组密码. 以下我们假定 $t = n$, 且只考虑加密二元数据的分组密码算法. 在这种分组密码中, 每一个明文组 m 或密文组 c 均可以看成二元 n 维向量, 设

$$m = (a_0, a_1, \cdots, a_{n-1}) \in F_2^n,$$

则 $m^+ = a_{n-1}2^{n-1} + a_{n-2}2^{n-2} + \cdots + a_1 2 + a_0$ 是小于 2^n 的整数. 同理, c^+ 也是小于 2^n 的整数. 因此, 分组密码的加密过程相当于文字集 $\Omega = \{0, 1, \cdots, 2^n - 1\}$ 上的一个置换 (permutation) π, 即 $c = \pi(m)$. 其中 Ω 上所有置换构成 $2^n!$ 阶对称群, 记为 $\mathrm{SYM}(2^n)$. 这就是说, 从明文字符组 m 变换成密文字符组 c 的可能的加密方式共有 $2^n!$ 种. 设计者要在密钥 k 的控制下, 从一个足够大的且置换结构足够好的子集中简单而迅速地选出一个置换, 用来对当前输入的明文组进行加密. 因此, 设计分组密码应满足以下要求:

(1) 组长 n 要足够大, 以防止使用明文穷举攻击.

(2) 密钥量要足够大 (即用来加密的置换子集中元素要足够多), 以防止密钥穷举攻击.

(3) 由密钥 k 确定的加密算法要足够复杂, 使破译者除了使用穷举攻击外, 很难应用其他攻击方法.

为了达到上述要求, 密码设计者需要设计一个尽可能复杂且能满足上述要求的置换网络 S, 它以明文 n 长字母组作为输入, 其输出 n 长字母组作为密文; 同时还要设计一个可逆置换网络 S^{-1}, 它以 n 长密文作为输入, 输出的 n 长字符为恢复的明文. 置换网络是由许多基本置换通过恰当的连接构成的. 当今大多数的分组密码都是乘积密码. 乘积密码通常伴随一系列置换与代换操作, 常见的乘积密码是迭代密码. 下面是一个典型的迭代密码定义, 这种密码明确定义了一个轮函数和一个密钥编排方案, 一个明文的加密将经过 Nr 轮类似的过程.

设 K 是一个确定长度的随机二元密钥, 用 K 来生成 r 个轮密钥. $K_1, K_2, \cdots, K_r$ 轮密钥的列表 $(K_1, K_2, \cdots, K_r)$ 就是密钥编排方案. 密钥编排方案通过一个固定的、公开的算法生成. 轮函数 F 以轮密钥 (K_i) 和当前状态 Y_{i-1} 作为它的两个输入. 下一个状态定义为 $Y^i = F(Y^{i-1}, K_i)$. 初态 Y^0 被定义成明文 X, 密文 Z 定义为经过所有 r 轮后的状态. 迭代型分组密码整个加密操作过程如图 5.2 所示.

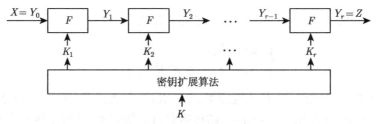

图 5.2 迭代分组密码的加密流程

$$Y_0 \leftarrow X,$$

$$Y_1 \leftarrow g(Y_0, K_1),$$

$$Y_2 \leftarrow g(Y_1, K_2),$$

$$\cdots\cdots$$

$$Y_{r-1} \leftarrow F(Y_{r-2}, K_{r-1}),$$

$$Y_r \leftarrow F(Y_{r-1}, K_r),$$

$$Z \leftarrow Y_r.$$

5.2.2 分组密码的典型结构

分组密码的结构是设计分组密码的重要特征, 从安全性上, 需要考虑实现足够的混淆和扩散; 从实现性能上, 要求硬件实现代价较低, 软件实现灵活, 速度较高. 目前流行的分组密码均是迭代型密码, 通过将易于快速实现的简单轮函数进行多次迭代, 产生强的密码函数, 使明文和密钥得到足够的混淆和扩散. 迭代型分组密码的典型结构包括 Feistel 结构、SPN 结构和 Lai-Massey 结构等, 这些结构各有千秋.

(1) **Feistel 结构** Feistel 结构如图 5.3 所示, 该结构最初是由 Feistel[24] 在设计 Lucifer 分组密码时提出的, 后因 DES 算法的广泛使用而流行.

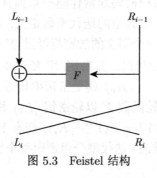

图 5.3 Feistel 结构

对于分组长度是 $2n$ 的 r 轮 Feistel 结构的密码, 当 $i = 1, 2, \cdots, r$ 时, 有

$$\begin{cases} L_i = R_{i-1}, \\ R_i = L_{i-1} \oplus F(R_{i-1}, K_i), \end{cases}$$

这里 "$\oplus$" 表示异或运算, F 为轮函数, $K_1, K_2, \cdots, K_r$ 是由种子密钥 K 根据密钥扩展方案得到的轮密钥. Feistel 结构本身具有加解密相似性, 因而不要求轮函数 F 可逆. 但是 Feistel 结构每轮只有一半的输入值改变, 扩散速度较慢, 一般需要更多的迭代轮数保证算法的安全性. 许多国家和行业标准算法都采用了 Feistel 结构, 如欧洲分组密码标准算法 Camellia、美国国家安全局 NSA 提出的 SIMON 算法和俄罗斯加密标准 Gost 算法等.

(2) **SPN 结构** SPN 结构如图 5.4 所示. 每一轮由非线性置换 S 层和线性变换 P 层组成, S 层主要起混淆作用, 一般由多个 S 盒并联构成; P 层主要起扩散的作用, 将这些 S 盒的输出打乱. 一般来说, 刻画 S 盒的密码学指标包括代数次数、代数免疫度、差分均匀度、非线性度以及退化性等. 衡量扩散层扩散性能好坏的指标主要是 P 变换的分支数, 分支数越大, 扩散效果越好. 设计者在采用 SPN 结构确定密码算法的轮数时, 都会充分考虑算法最大差分概率平均值和最大线性概率平均值的上界, 以使得设计的算法能够抵抗差分或线性分析. 与 Feistel 结构相比, SPN 具有结构简单清晰、扩散快, 很多分组密码算法都采用了 SPN 结构, 比如 AES 算法、韩国加密标准 ARIA 和国际轻量级分组密码标准 PRESENT 等.

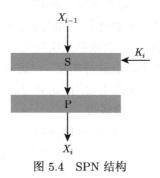

图 5.4 SPN 结构

(3) **Lai-Massey 结构** Lai-Massey 结构如图 5.5 所示, 它是由密码学家 Lai 和 Massey 在设计 IDEA 算法时提出的一种结构[15]. 通常情况下, Lai-Massey 结构也具有加解密一致的优点, 欧洲有线电视中的 FOX 算法就采用了 Lai-Massey 结构. 对于分组长度是 $2n$ 的 r 轮 Lai-Massey 结构密码, 当 $i = 1, 2, \cdots, r$ 时, 有

$$\begin{cases} T = F(L_{i-1} \oplus R_{i-1}, K_i), \\ L_i = L_{i-1} \oplus T, \\ R_i = R_{i-1} \oplus T. \end{cases}$$

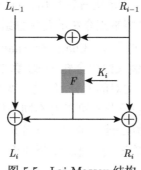

图 5.5 Lai-Massey 结构

5.3 分组密码的分析方法

分组密码的分析与设计是一对矛与盾的关系, 始终处于对立统一的过程. 密码分析的结果可以作为密码设计的依据和要求, 设计新的密码算法可以促进衍生分析方法的发展. 分组密码的分析基于 Kerckhoffs 假设[25], 即密码系统的安全性仅依赖于密钥的保密性, 其他密码算法的所有细节都是公开的. 根据攻击者从信道上截获明文和密文信息的不同, 密码分析的类型分为以下四种:

(1) 唯密文攻击. 攻击者仅知道密文而不知道对应的明文, 利用各种方法和手段获取相应的明文和密钥. 这个场景下攻击者的能力是最弱的.

(2) 已知明文攻击. 攻击者可以访问已知的明文和其所对应的密文对 (P_i, C_i), $i = 1, 2, \cdots, n$. 这种攻击被认为具有很强的实用性.

(3) 选择明文攻击. 攻击者随意选择明文 P_i, 访问加密机可以获得与其相对应的密文 C_i. 该攻击没有已知明文攻击实用, 如果密码算法对于已知明文是脆弱的, 则它对于选择明文攻击也自然是脆弱的.

(4) 选择密文攻击. 攻击者可以随意选择密文 C_i, 访问解密机得到相应的明文 P_i. 在现实生活环境中, 该攻击没有选择明文攻击实用.

传统的分组密码分析方法包括穷举密钥搜索攻击、字典攻击等. 1998 年, 美国电子边境基金协会使用一台耗资 25 万美元的计算机在 56 小时内通过穷举搜索成功找到了 DES 算法的密钥. 但是, 传统分析方法无法适用于分组长度较长、密钥变化量较大的算法. 随着分组密码分析技术的发展, 涌现出许多新的分析方法. 本章重点关注分组密码的理论安全性, 尤其是基于数学方法研究算法的安全性. 基于数学方法研究算法的安全性主要包括两个方面的内容: 一是研究如何构造有效的区分器. 在密码分析中, 如果对于某些特定形式的明文输入, 对应的密文遵循某种特殊的规律, 就称寻找到该算法一个有效的区分器, 可以将密码算法与随机置换区分开. 二是研究如何基于有效的区分器获得密码算法的密钥信息. 在密钥恢复过程中, 如果猜测某个密钥解密后所得的值不满足区分器要求, 则该猜测值是错误密钥. 以下是本章将重点介绍的几种分组密码的分析方法.

(1) 差分分析. 差分分析最早由 Biham 和 Shamir 在 1990 年美密会上提出, 用于分析 DES 算法, 随后他俩又给出全轮 DES 算法的攻击[26]. 差分分析是选择明文攻击, 主要利用特选的明文对的差分, 经过轮变换后, 相应密文对差分的不随机性来获取密钥信息. 利用差分分析可以对不同结构的算法实施有效的攻击, 设计分组密码时首先需要考虑算法能否抵抗差分分析. 最早, 差分分析仅利用一条高概率的差分特征来恢复正确密钥, 随后差分分析出现了很多的扩展和变形, 如高阶差分分析、不可能差分分析、截断差分分析、飞来去器攻击等, 可以对许多作为国家和行业标准的分组密码算法实施有效的攻击.

(2) 线性分析. 线性分析最早由 Matsui 在 1993 年欧密会上提出, 同样用于分析 DES 算法, 随后在 1994 年美密会上第一次用实验给出全轮 DES 算法的攻击[27]. 线性分析的优势在于攻击类型是已知明文攻击, 主要通过利用明文的某些比特和对应的密文比特以及密钥之间偏差较大的线性关系恢复正确密钥. 线性分析同差分分析一样, 已经成为分组密码最有效的分析方法之一和必须要考虑的重要安全准则. 基本线性分析利用高偏差的线性逼近进行正确密钥的筛选, 一般情况下, 线性逼近的偏差越大, 线性分析越有效. 在线性分析和线性密码分析的基础上, 密码学者先后提出了多重线性分析、非线性密码分析、零相关线性分析等方法.

(3) 不可能差分分析. 不可能差分分析由 Biham 等[28] 和 Knudsen[29] 分别独立提出. Biham 等在 1999 年欧密会上, 构造了 24 轮 Skipjack 算法的不可能差分路径, 首次给出了 31 轮的分析结果. Knudsen 则在分析 DEAL 算法时, 发现了 Feistel 结构的轮函数如果是双射, 则算法天然存在 5 轮的不可能差分路径, 因而低于 6 轮的 Feistel 不能抵抗不可能差分分析. 自从不可能差分分析被提出后, 大量针对分组密码的分析结果开始涌现, 不可能差分分析成为一类重要的分组密码分析方法.

(4) 零相关线性分析. 零相关线性分析方法由 Bogdanov 和 Rijmen[30] 于 2012 年提出, 与线性分析所利用高偏差的线性逼近关系不同, 零相关线性分析主要利用偏差为零的线性逼近关系来区分密码算法和随机函数, 进而获得部分或者全部密钥信息. 除了使用的区分器和构造的统计量不同, 零相关线性分析过程和线性分析逼近类似, 都是收集一定数量的明密文对, 经过密钥猜测加解密至区分器的边缘, 然后计算统计量, 并且利用统计量进行密钥筛选. 零相关线性分析模型的有效性, 在一系列重要密码包括 CAST-256、CLEFIA、Camellia 等算法的分析中得到验证.

(5) 积分分析. 积分分析是一种有效的选择明文攻击. 1997 年, Daemen 等[31] 针对 SQUARE 算法提出 Square 攻击. 2001 年, Lucks[32] 提出 Saturation 攻击, 用于分析 Twofish 算法. 同年, Biryukov 和 Shamir[33] 针对 SPN 结构的安全性分析提出了 Multiset 攻击. 在总结前人工作的基础上, Knudsen 和 Wagner[34] 在 FSE 2002 上进一步提出了积分分析的思想. 积分分析的原理是加密特定形式的选择明文集合, 一般明文的某些比特固定, 其他比特遍历, 通过分析密文某些比特的 "和" 的不随机性来恢复部分密钥比特. 按照输出密文比特的性质, 积分区分器分为平衡积分区分器与零和积分区分器. 平衡积分区分器输出密文的某些比特出现的次数相同, 而零和积分区分器输出某些比特的异或值为 0.

(6) 自动化分析. 密码攻击都需要首先寻找有效的区分器. 区分器的好坏直接影响到密码攻击的效果, 如何快速寻找多轮区分器成为密码攻击成功的关键点和难点. 人工搜索区分器的方法计算量大, 会耗费大量时间, 且仅能获得部分区分器, 效率低. 自动化搜索算法充分考虑了密码算法的线性和非线性组件性质, 通过计算机, 可在有效时间内给出特定条件下的所有区分器, 在具体应用中往往能取得良好的效果. 近年来, 基于混合整数线性规划和布尔可满足性问题 (SAT) 的自动化搜索算法相继被提出, 并且在差分、线性、积分等多种区分器的搜索中取得了不错的效果.

第 6 章

分组密码的差分分析

差分分析是 20 世纪 90 年代初为分析 DES 算法的安全性提出的一种重要的分组密码分析方法, 也是分组算法设计和分析过程中首先要考虑的密码分析方法之一. 1990 年美密会上, Biham 和 Shamir[3] 首先给出了减轮 DES 算法的差分分析. 1992 年美密会上, Biham 和 Shamir[26] 进一步给出了全轮 DES 算法的差分分析. 差分分析属于选择明文攻击, 它通过研究特定的明文差分值在加密后得到密文差分的分布, 将分组密码与随机置换区分开, 并恢复某些密钥比特. 本章先介绍分组密码差分分析的基本原理, 接着具体介绍对减轮 DES 算法和 SPN 简化模型的差分分析.

6.1 差分分析的基本原理

对于分组长度为 n 的 r 轮迭代分组密码算法 $E : F_2^n \times F_2^l \to F_2^n$, 其中 n 为分组长度, l 为密钥长度, $E_k(\cdot) = E(\cdot, k)$ 是 F_2^n 上的置换, $F(\cdot, K_i) = F_{K_i}(\cdot)$ 是轮函数, $E_k(x) = F_{K_r} \circ F_{K_{r-1}} \circ \cdots \circ F_{K_1}$, 如图 6.1 所示. 下面给出差分分析中涉及的一些基本概念.

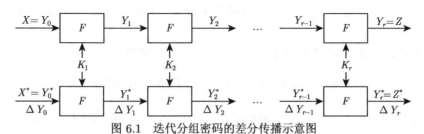

图 6.1 迭代分组密码的差分传播示意图

定义 6.1(差分) 设 $X, X^* \in F_2^n$, 则 X 和 X^* 的**异或差分 (差分值)** 定义为 $\Delta X = X \oplus X^*$. 一般地, 群 $(G, \oplus)$ 中任意两个元素 X 和 X^* 的差分定义为 $\Delta X = X \oplus (X^*)^{-1}$.

图 6.1 刻画了迭代分组算法的差分传播过程. 已知一明文对 (X, X^*), 它们经

同样的密钥加密后得到密文对 (Z, Z^*), 第 i 轮输出的中间状态对为 (Y_i, Y_i^*), 其中 $Y_i = F(Y_{i-1}, K_i)$, 则算法的初始输入差分为 $\Delta Y_0 = Y_0 \oplus Y_0^*$, 第一轮的输出差分为 $\Delta Y_1 = Y_1 \oplus Y_1^*$, 第 i 轮的输出差分为 $\Delta Y_i = Y_i \oplus Y_i^*$, 由此可以得到一条差分序列

$$\Delta Y_0, \Delta Y_1, \cdots, \Delta Y_r.$$

记 $Y_i = F(Y_{i-1}, K_i)$, $Y_i^* = F(Y_{i-1}^*, K_i)$, 若三元组 $(\Delta Y_{i-1}, Y_i, Y_i^*)$ 的一个或多个值是已知的, 则确定子密钥 K_i 通常是容易的. 因此, 若密文对已知, 并且最后一轮输入对的差分能以某种方式得到, 则确定最后一轮的子密钥或其一部分通常是可行的. 在差分分析中, 通过选择具有特定差分值 β_0 的明文对 (Y_0, Y_0^*), 使得最后一轮的输入差分 ΔY_{r-1} 以很高的概率取特定值 β_{r-1} 来达到这一点.

定义 6.2 (差分特征) 迭代分组密码的一条 r 轮**差分特征** Ω 是一条差分序列:

$$\beta_0, \beta_1, \cdots, \beta_{r-1}, \beta_r,$$

其中 β_0 是明文对 Y_0 和 Y_0^* 的差分, $\beta_i (1 \leqslant i \leqslant r)$ 是第 i 轮的输出 Y_i 和 Y_i^* 的差分.

定义 6.3 (差分特征概率) r 轮差分特征 $\Omega = (\beta_0, \beta_1, \cdots, \beta_{r-1}, \beta_r)$ 的概率 $DP(\Omega)$ 是指在明文 Y_0 和轮子密钥 $K_1, K_2, \cdots, K_r$ 取值独立且均匀分布时, 明文对 Y_0 和 Y_0^* 的差分为 β_0 的条件下, 第 $i (1 \leqslant i \leqslant r)$ 轮输出 Y_i 和 Y_i^* 的差分为 β_i 的概率.

差分特征 (differential characteristic) 也称为差分路径 (differential path)、差分轨迹 (differential trail). 此外, 在英文文献中 difference 和 differential 都表示差分, difference 一般指差分值, 如 $\alpha = x \oplus x^*$ 表示 x 和 x^* 的差分值为 α, 而 differential 一般指一个差分对 (α, β), 表示由差分值 α 传播到差分值 β. 此时差分 (difference) 与差分特征的区别在于: 差分仅仅给定输入和输出差分值, 中间状态的差分值未指定, 而差分特征不仅给定了输入、输出差分值, 还指定了中间状态的差分值.

记输入差分 α 经轮函数 F 传播到输出差分 β 的概率为

$$\mathrm{DP}(\alpha, \beta) = \underset{X, K}{\mathrm{Prob}}\{F(X, K) \oplus F(X \oplus \alpha, K) = \beta\}.$$

在差分分析中, 采用来学嘉教授提出的等价密钥假设 [35], 即假设对大多数密钥而言, 固定密钥下轮函数及差分特征的概率与轮子密钥相互独立且随机均匀分布时的概率近似相等. 此时 r 轮差分特征 $\Omega = (\beta_0, \beta_1, \cdots, \beta_{r-1}, \beta_r)$ 成立的概率为 $\mathrm{DP}(\Omega) = \prod_{i=1}^{r} \mathrm{DP}(\beta_{i-1}, \beta_i)$, 其中 $\mathrm{DP}(\beta_{i-1}, \beta_i)$ 表示第 i 轮轮函数的差分传播概率. 若将所有起点差分为 α, 终点差分为 β 的差分特征记为 $\Omega = (\beta_0, \beta_1, \cdots, \beta_{r-1}, \beta_r), \beta_0 = \alpha, \beta_r = \beta$, 则 r 轮差分 (α, β) 成立的概率为

$$\mathrm{DP}(\alpha,\beta) = \sum_{\beta_1,\beta_2,\cdots,\beta_{r-1}} \mathrm{DP}(\Omega).$$

该 r 轮差分成立的概率通常由输入差分 $\beta_0 = \alpha$、输出差分 $\beta_r = \beta$ 的概率最大的某个 r 轮差分特征 $\Omega = (\beta_0,\beta_1,\cdots,\beta_{r-1},\beta_r)$ 决定.

定义 6.4(迭代差分特征) 若一条 r 轮差分特征 $\Omega = (\beta_0,\beta_1,\cdots,\beta_r)$ 满足 $\beta_0 = \beta_r$,则称 Ω 为一条 r 轮迭代差分特征.

构造高概率的差分特征或者迭代差分特征是分组密码差分分析的关键. 当轮数较大时利用迭代差分特征通常可以构造更有效的差分区分器.

定义 6.5(正确对与错误对) 如果 r 轮特征 $\Omega = (\beta_0,\beta_1,\cdots,\beta_{r-1},\beta_r)$ 满足条件: Y_0 和 Y_0^* 的差分为 β_0,第 $i(1 \leqslant i \leqslant r)$ 轮输出 Y_i 和 Y_i^* 的差分为 β_i,则称明文对 Y_0 和 Y_0^* 为特征 Ω 的一个**正确对** (right pair);否则,称之为特征 Ω 的**错误对** (wrong pair). 利用正确对和错误对可以更好地理解与估计差分密码分析的数据复杂度.

下面详细介绍分组密码的差分攻击基本过程和复杂度分析. 先给出随机置换差分传播概率的性质. 对 F_2^n 上的随机置换 $\Re$,任意给定差分 $(\alpha,\beta),\alpha \neq 0,\beta \neq 0$,则其差分传播概率 $\mathrm{DP}(\alpha,\beta) = \dfrac{1}{2^n-1} \approx \dfrac{1}{2^n}$.

如果找到了一条 $r-1$ 轮差分,其概率大于 $\dfrac{1}{2^n}$,就可以将 $r-1$ 轮的加密算法与随机置换区分开,称该 $r-1$ 轮差分为差分区分器,利用该区分器可以对分组密码进行密钥恢复攻击. r 轮迭代密码的差分密码分析的基本过程可总结为算法 6.1.1.

算法 6.1.1 r 轮迭代密码的差分密码分析

步骤 1 寻找一条 $r-1$ 轮的差分 (α,β) 或差分特征 $(\beta_0,\beta_1,\cdots,\beta_{r-1},\beta_r)$,其中 $\beta_0 = \alpha, \beta_r = \beta$,使得它的概率达到最大或者几乎最大,设其概率为 p.

步骤 2 猜测第 r 轮子密钥 K_r 或其部分比特,对每个可能的候选密钥 $gk_i, 0 \leqslant i \leqslant 2^l - 1$,设置相应的 2^l 个计数器 λ_i,λ_i 初始化清零.

步骤 3 均匀随机地选择明文 Y_0,并计算 $Y_0^* = Y_0 \oplus \beta_0$,找到 Y_0 和 Y_0^* 在实际密钥加密下所得的密文 Y_r 和 Y_r^*.

步骤 4 根据区分器的输出状态,先对步骤 3 中获得的所有密文进行过滤,保留过滤后的密文对 (Z, Z^*),并用第 r 轮中每一个猜测的轮密钥 gk_i 或其部分比特对其解密,计算差分 $\Delta = F_{gk_i}^{-1}(Z) \oplus F_{gk_i}^{-1}(Z^*)$,若 $\Delta = \beta$,则给相应的计数器 λ_i 加 1.

步骤 5 统计 2^l 个计数器具体值,当某个计数值明显大于其他计数值时,其对应的密钥 gk_i 或其部分比特可作为正确密钥值.

上述差分攻击过程包含采样、去噪、提取信息三个部分,具体来说:① 采样,选择大量合适的明文,经过加密获得相应的密文对;② 去噪,通过观察密文对

差分的一些特性, 进行明文筛选, 过滤掉不是正确对的明文对排除干扰; ③ 提取信息, 对过滤后的数据和每一个猜测的密钥进行统计分析, 恢复正确密钥. 在用统计方法区分正确密钥和错误密钥时通常需要利用相应的概率分布计算攻击的成功率. 然而 Biham 和 Shamir[26,36] 在对 DES 算法进行差分分析时, 通过大量的实验分析引入了 "信噪比" 的概念, 并根据 "信噪比" 的取值确定差分攻击选择明文量的大小, 同时保证较大的成功率.

采样阶段记样本量的大小为 m, 差分区分器的概率为 p, 去噪阶段记过滤强度 (过滤系数) 为 $\lambda, 0 < \lambda \leqslant 1$, 提取信息阶段记攻击所猜测的密钥量为 l, 平均每个密文对所 "蕴含" 的密钥个数为 v, 根据前面的分析, 在算法 6.1.1 给出的分组算法的差分分析过程中, 正确密钥至少被统计了 $m \cdot p$ 次, 所有猜测的密钥平均被统计了 $\dfrac{m \cdot \lambda \cdot v}{2^l}$ 次. 而这两者之比, 就是**信噪比** S/N, 即有

$$S/N = \frac{m \cdot p}{m \cdot \lambda \cdot v / 2^l} = \frac{2^l \cdot p}{\lambda \cdot v}.$$

差分分析的有效性与信噪比有关, 信噪比越大, 攻击的成功率越高. 信噪比的值可以通过下面两个途径提高: 一是寻找高概率差分, 二是降低 $\lambda \cdot v$, 而降低 $\lambda \cdot v$ 的主要技巧是降低 λ. 在保证一定成功率的前提下, 根据 "信噪比" 的取值还可以进一步确定攻击所需的选择明文量. 假设攻击需要的明文对的数目为 m, 差分分析所采用的差分 (差分特征) 概率为 p, 则

$$m \approx c \cdot \frac{1}{p},$$

其中常数 c 的取值可以根据信噪比 S/N 来近似估算. Biham 和 Shamir 在对 DES 算法进行大量实验分析之后, 对常数 c 的取值总结如下[36]:

(1) 当 $S/N \approx 1 \sim 2$ 时, c 的取值为 $20 \sim 40$.

(2) 当 S/N 取较大值时, c 的取值为 $3 \sim 4$.

(3) 当 S/N 取较小值时, c 需取更大值.

比如利用差分密码分析方法攻击 8 轮 DES 算法时需要 2^{14} 对选择明文, 而攻击 16 轮 DES 算法时需要 2^{47} 对选择明文.

6.2 减轮 DES 算法的差分分析

本节介绍减轮 DES 算法的差分分析. DES 是迄今为止得到最广泛应用的一种算法, 是一种具有代表性的分组密码体制. DES 是一个 16 轮的 Feistel 型密码,

它的分组长度为 64 比特, 用一个 56 比特的密钥来加密一个 64 比特的明文串, 并获得一个 64 比特的密文串. DES 算法的轮函数为 $F(X, K) = P(S(E(X) \oplus K))$, 包括选择扩展运算 E, 选择压缩运算 S, 置换运算 P. 在进行 16 轮加密之前, 先对明文作一个固定的初始置换 IP (initial permutation), 在 16 轮加密之后, 作逆置换 IP^{-1} 来给出密文. DES 算法具体加解密过程和密钥扩展算法可以参考文献 [5]. 本节考虑 DES 算法时忽略掉初始置换 IP 及其逆置换 IP^{-1}, 具体如图 6.2 所示.

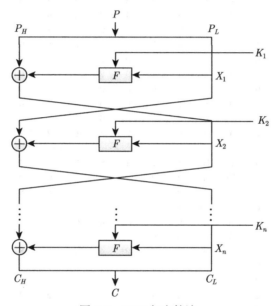

图 6.2 DES 加密算法

6.2.1 S 盒的差分分布表

沿用前面的记号, 对于 $n \times m$ 的 S 盒, 当 S 盒的输入差分 $\alpha \in F_2^n$, 输出差分 $\beta \in F_2^m$ 时, 同样记

$$IN_S(\alpha, \beta) = \{X \in F_2^n : S(X \oplus \alpha) \oplus S(X) = \beta\},$$
$$N_S(\alpha, \beta) = \#IN_S(\alpha, \beta), \quad P_S(\alpha \to \beta) = N_S(\alpha, \beta)/2^n,$$

则称输入差分 α 经过 S 盒后将以概率 $P_S(\alpha \to \beta)$ 得到输出差分 β. 若 $P_S(\alpha \to \beta) > 0$, 也称差分 α 经 S 盒可传播至差分 β, 简记为 $\alpha \to \beta$. 以输入差分 α 为行指标, 以输出差分 β 为列指标, 行列交错处的项取值是 $N_S(\alpha, \beta)$. 当 α 遍历 F_2^n, β 遍历 F_2^m 时, 三元组 $(\alpha, \beta, N_S(\alpha, \beta))$ 按照上述方式构成的 $2^n \times 2^m$ 的表格称为 S 盒的差分分布表. 可以利用 S 盒差分分布的不均匀性对分组密码进行差分分析. 表 6.1 列出了 DES 算法中的 S_1 盒的部分差分分布表.

表 6.1 DES 算法 S_1 盒的部分差分分布表

输入差分	输出差分															
	0_x	1_x	2_x	3_x	4_x	5_x	6_x	7_x	8_x	9_x	A_x	B_x	C_x	D_x	E_x	F_x
0_x	64	0	0	0	0	0	0	0	0	0	0	0	0	0	0	0
1_x	0	0	0	6	0	2	4	4	0	10	12	4	10	6	2	4
2_x	0	0	0	8	0	4	4	4	0	6	8	6	12	6	4	2
3_x	14	4	2	2	10	6	4	2	6	4	4	0	2	2	2	0
4_x	0	0	0	6	0	10	10	6	0	4	6	4	2	8	6	2
5_x	4	8	6	2	2	4	4	2	0	4	4	0	12	2	4	6
6_x	0	4	2	4	8	2	6	2	8	4	4	2	4	2	0	12
7_x	2	4	10	4	0	4	8	4	2	4	8	2	2	2	4	4
8_x	0	0	0	12	0	8	8	4	0	6	2	8	8	2	2	4
9_x	10	2	4	0	2	4	6	0	2	2	8	0	10	0	2	12
A_x	0	8	6	2	2	8	6	0	6	4	6	0	4	0	2	10
B_x	2	4	0	10	2	2	4	0	2	6	2	6	6	4	2	12
C_x	0	0	0	8	0	6	6	0	0	6	6	4	6	6	14	2
D_x	6	6	4	8	4	8	2	6	0	6	4	6	0	2	0	2
E_x	0	4	8	8	6	6	4	0	6	6	4	0	0	4	0	8
F_x	2	0	2	4	4	6	4	2	4	8	2	2	2	6	8	8
...						...										
30_x	0	4	6	0	12	6	2	2	8	2	4	4	6	2	2	4
31_x	4	8	2	10	2	2	2	2	6	0	0	2	2	4	10	8
32_x	4	2	6	4	4	2	2	4	8	4	8	2	2	8	0	0
33_x	4	4	6	2	4	6	2	2	4	2	2	4	6	2	4	0
34_x	0	8	**16**	6	2	0	0	12	6	0	0	0	0	8	0	6
35_x	2	2	4	0	8	0	0	0	14	4	6	8	0	2	14	0
36_x	2	6	2	2	8	0	2	2	4	2	6	8	6	4	10	0
37_x	2	2	12	4	2	4	4	10	4	4	2	6	0	2	2	4
38_x	0	6	2	2	2	0	2	2	4	6	4	4	4	6	10	10
39_x	6	2	2	4	12	6	4	8	4	0	2	4	2	4	4	0
$3A_x$	6	4	6	4	6	8	0	6	2	2	6	2	2	6	4	0
$3B_x$	2	6	4	0	0	2	4	6	4	6	8	6	4	4	6	2
$3C_x$	0	10	4	0	12	0	4	2	6	0	4	12	4	4	2	0
$3D_x$	0	8	6	2	2	6	0	8	4	4	0	4	0	12	4	4
$3E_x$	4	8	2	2	2	4	4	14	4	2	0	2	0	8	4	4
$3F_x$	4	8	4	2	4	0	2	4	4	2	4	8	8	6	2	2

根据 S 盒的差分性质, 6×4 的 S 盒的各种输入输出差分对出现的平均个数约为 $2^{m-n} = 2^{6-4} = 4$. 而表 6.1 中 $N_S(\alpha, \beta)$ 的最大值为 $N_S(34, 2) = 16$, 最小值为 0, 取值并不均匀, DES 算法的差分分析中就利用了 S 盒差分分布的不均匀性.

6.2.2 3 轮 DES 算法的差分分析

为叙述方便, 以下简记 $X' = X \oplus X^*$. 利用 S 盒的差分分布表可以如图 6.3 给出 3 轮 DES 算法的差分分析. 由于初始置换和逆初始置换都是公开的, 在安全性分析时都不加考虑.

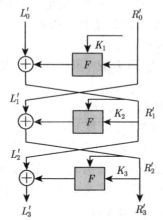

图 6.3　DES 算法的 3 轮差分分析

已知一对明文 $P = L_0R_0, P^* = L_0^*R_0^*$ 以及对应的密文 $C = L_3R_3, C^* = L_3^*R_3^*$, 由图 6.3, L_3 可以表示为

$$L_3 = L_2 \oplus F(R_2, K_3) = R_1 \oplus F(R_2, K_3) = L_0 \oplus F(R_0, K_1) \oplus F(R_2, K_3),$$

同样地, $L_3^* = L_0^* \oplus F(R_0^*, K_1) \oplus F(R_2^*, K_3)$. 于是有

$$L_3' = L_3 \oplus L_3^* = L_0' \oplus F(R_0, K_1) \oplus F(R_0^*, K_1) \oplus F(R_2, K_3) \oplus F(R_2^*, K_3),$$

其中 $L_0' = L_0 \oplus L_0^*$.

选择明文使得 $R_0 = R_0^*$, 即 $R_0' = R_0 \oplus R_0^* = 00 \cdots 0$, 则 $L_3' = L_0' \oplus F(R_2, K_3) \oplus F(R_2^*, K_3)$. 因为 L_0、L_0^*、L_3 和 L_3^* 为已知, 所以可计算出 L_3' 和 L_0'. 这样 $F(R_2, K_3) \oplus F(R_2^*, K_3)$ 可由下式算出:

$$F(R_2, K_3) \oplus F(R_2^*, K_3) = L_3' \oplus L_0'.$$

又因为 $F(R_2, K_3) = P(S(E(R_2) \oplus K_3)), F(R_2^*, K_3) = P(S(E(R_2^*) \oplus K_3))$, 不妨记

$$Y = S(E(R_2) \oplus K_3), \quad Y^* = S(E(R_2^*) \oplus K_3),$$

则有 $P(Y) \oplus P(Y^*) = L_3' \oplus L_0'$. 而 P 是公开的线性变换, 故 $Y' = Y \oplus Y^* = P^{-1}(L_3' \oplus L_0')$, 即有 $S(E(R_2) \oplus K_3) \oplus S(E(R_2^*) \oplus K_3) = Y'$, 这正是 3 轮 DES 的 8 个 S 盒的输出差分.

另一方面, 由于 $R_2 = R_3$ 和 $R_2^* = R_3^*R_2^* = R_3^*$ 也是已知的, 使用公开的扩展函数 E 就可以计算 $E = E(R_3)$ 和 $E^* = E(R_3^*)$, 由此又可以得到 S 盒的输入差分 $E' = E \oplus E^*$.

对每个 S 盒 $S_j, 1 \leqslant j \leqslant 8$, 记相应的测试集为 $\text{test}_j(E_j, E_j^*, Y_j')$. 通过建立 8 个具有 64 个计数器的计数矩阵, 最终能够确定 K_3 中的 $6 \times 8 = 48$ 比特密钥, 而其余的 $56 - 48 = 8$ 比特密钥可通过搜索 $2^8(256)$ 中可能的情况来确定.

上述测试集的构造过程可以概括如下.

输入: $L_0 R_0$, $L_0^* R_0^*$, $L_3 R_3$ 和 $L_3^* R_3^*$, 其中 $R_0 = R_0^*$.

(1) 计算 $Y' = P^{-1}(L_3' \oplus L_0')$.

(2) 计算 $E = E(R_3)$ 和 $E^* = E(R_3^*)$.

(3) 对 $j \in \{1, 2, 3, 4, 5, 6, 7, 8\}$, 计算 $\text{test}_j(E_j, E_j^*, Y_j')$.

下面再举一个实例来说明 3 轮 DES 的攻击过程.

例 6.2.1 假定有表 6.2 所示的使用同一个密钥加密的三对明文和密文, 这里明文具有确定差分. 为简单起见, 明密文对采用 16 进制表示. 攻击者的目标是恢复最后一轮的子密钥 K_3 或其部分比特.

表 6.2 3 轮 DES 算法的明密文对

示例	明文对	密文对
1	748502CD 38451097	03C70306D8A09F10
	38747564 38451097	78560A0960E6D4CB
2	486911026 ACDFF31	45FA285BE5ADC730
	375BD31F6 ACDFF31	134F7915AC253457
3	357418DA 013FEC86	D8A31B2F28BBC5CF
	12549847 013FEC86	0F317AC2B23CB944

从第 1 对明文计算第 3 轮 S 盒的输入, 它们分别是

$$E = E(R_3) = 000000000111111000001110100000000110100000001100,$$

$$E^* = E(R_3^*) = 101111110000000101010110000000101010000000001010010.$$

S 盒的输出差分是

$$Y' = Y \oplus Y^* = P^{-1}(L_3' \oplus L_0') = 10010110010111010101101101100111.$$

从第 2 对明文计算第 3 轮 S 盒的输入, 它们分别是

$$E = 101000001011111111110100000101010000001011110110,$$
$$E^* = 100010100110101001011110101111110010100010101010.$$

S 盒的输出差分是

$$Y' = 10011100100111000001111101010110.$$

从第 3 对明文计算第 3 轮 S 盒的输入, 它们分别是

$$E = 111011110001010100001101000111101101001010111111,$$
$$E^* = 000001011110100110100010101111110101011000000100,$$

S 盒的输出差分是

$$Y' = 11010101011101011101101100101011.$$

现在, 建立 8 个具有 64 个计数器的计数矩阵. 将这 3 对中的每一对都进行计数. 下面说明第 1 对关于 J_1 的计数矩阵的计数过程.

对于第 1 对明文, 有

$$E_1' = 101111, \quad Y_1' = 1001, \quad IN_1(101111, 1001) = \{000000, 000111, 101000, 101111\}.$$

因为 $E_1 = 000000$, 从而将会有

$$J_1 \in \text{test}_1(000000, 101111, 1001) = \{000000, 000111, 101000, 101111\}.$$

因此在 J_1 的计数矩阵中的位置 0, 7, 40 和 47 处增加 1.

此处将一个长度为 6 的比特串视作一个 $0 \sim 63$ 的整数的二元表示, 用 64 个值对应位置 $0, 1, \cdots, 63$. 最终的计数矩阵如表 6.3 所示.

在 8 个计数矩阵的每一个中, 都有唯一的一个计数器具有值 3. 这些计数器的位置确定 $J_1, J_2, \cdots, J_8$ 中的密钥比特. 这些位置分别是 47, 5, 19, 0, 24, 7, 7 和 49. 将这些整数转化为二进制, 可获得 $J_1, J_2, \cdots, J_8$:

$$J_1 = 101111, \quad J_5 = 011000,$$

$$J_2 = 000101, \quad J_6 = 000111,$$

$$J_3 = 010011, \quad J_7 = 000111,$$

$$J_4 = 000000, \quad J_8 = 110001,$$

根据第 3 轮的密钥扩展方案, 可以构造出种子密钥的 48 比特. 密钥 KK 形如

$$0001101, \quad 0110001, \quad 01?01?0, \quad 1?00100,$$
$$0101001, \quad 0000??0, \quad 111?11?, \quad ?100011,$$

这里省去了校验比特, "?" 表示一个未知的密钥比特. 完全的密钥是 1A624C89520 DEC46 (16 进制表示, 包含校验比特).

表 6.3 3 轮 DES 差分分析的计数矩阵

J_1

1	0	0	0	0	1	0	1	0	0	0	0	0	0	0	0
0	0	0	0	0	1	1	0	0	0	0	1	1	0	0	0
0	1	0	0	0	1	0	0	1	0	0	0	0	0	0	**3**
0	0	0	0	0	0	0	0	0	0	0	0	0	0	0	1

J_2

0	0	0	1	0	**3**	0	0	1	0	0	1	0	0	0	0
0	1	0	0	0	2	0	0	0	0	0	0	1	0	0	0
0	0	0	0	0	1	0	0	1	0	1	0	0	0	1	0
0	0	1	1	0	0	0	0	1	0	1	0	2	0	0	0

J_3

0	0	0	0	1	1	0	0	0	0	0	0	0	0	1	0
0	0	0	**3**	0	0	0	0	0	0	0	0	0	0	1	1
0	2	0	0	0	0	0	0	0	0	0	0	1	1	0	0
0	0	0	0	0	0	1	0	0	0	0	0	1	0	0	0

J_4

3	1	0	0	0	0	0	0	0	0	2	2	0	0	0	0
0	0	0	0	1	1	0	0	0	0	0	0	1	0	1	1
1	1	1	0	1	0	0	0	0	1	1	1	0	0	1	0
0	0	0	0	1	1	0	0	0	0	0	0	0	0	2	1

J_5

0	0	0	0	0	0	1	0	0	0	1	0	0	0	0	0
0	0	0	0	2	0	0	0	0	**3**	0	0	0	0	0	0
0	0	0	0	0	0	0	0	0	0	0	0	0	0	0	0
0	0	2	0	0	0	0	0	0	1	0	0	0	0	2	0

J_6

1	0	0	1	1	0	0	**3**	0	0	0	0	1	0	0	1
0	0	0	0	1	1	0	0	0	0	0	0	0	0	0	0
0	0	0	0	1	1	0	1	0	0	0	0	0	0	0	0
1	0	0	1	1	0	1	1	0	0	0	0	0	0	0	0

J_7

0	0	2	1	0	1	0	**3**	0	0	0	1	1	0	0	0
0	1	0	0	0	0	0	0	0	0	0	1	0	0	0	1
0	0	2	0	0	0	2	0	0	0	0	1	2	1	1	0
0	0	0	0	0	0	0	0	0	0	1	0	0	0	1	1

J_8

0	0	0	0	0	0	0	0	0	0	0	0	0	0	0	0
0	0	0	0	0	0	0	0	0	0	0	0	0	0	0	0
0	0	0	0	0	0	0	0	0	1	0	1	0	0	1	1
0	**3**	0	0	0	0	1	0	0	0	0	0	0	0	0	0

对于 4 轮和 5 轮 DES 算法的差分分析, 选择合适的 2 轮或 3 轮差分特征, 可以使得其添加 3 轮后还可以确定最后一轮 F 函数或者 S 盒输出差分的某些比特, 利用 S 盒的差分分析模型可以恢复相应的子密钥比特. 而对于更高轮数 DES 算

法的差分分析, Biham 和 Shamir 引入了差分特征、信噪比等概念, 通过构造差分区分器, 采用计数原理对猜测的轮密钥进行统计意义上的优势探测来恢复密钥.

6.2.3　8 轮 DES 算法的差分分析

本节介绍 8 轮 DES 算法的差分攻击, 攻击中需要用到图 6.4 所示的 5 轮差分特征

$$(405C0000, 04000000) \to_{5R} (04000000, 405C0000).$$

该差分特征成立的概率为 $P_\Omega = \dfrac{16}{64} \times \left(\dfrac{10}{64} \times \dfrac{16}{64}\right) \times 1 \times \left(\dfrac{10}{64} \times \dfrac{16}{64}\right) \times \dfrac{16}{64} \approx 2^{-13.36}$.

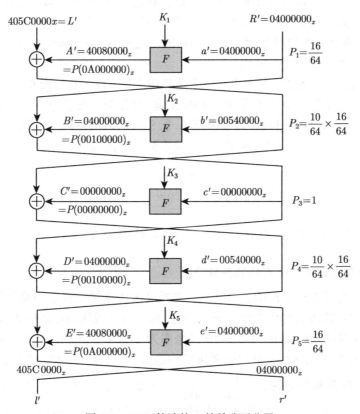

图 6.4　DES 算法的 5 轮差分区分器

利用这条 5 轮差分特征, 往后添加 3 轮, 可以实现 8 轮 DES 算法 30 比特种子密钥的恢复. 具体来说, 选择差分为 (405C0000, 04000000) 的明文对 (P, P^*), 进行 8 轮加密, 获得相应的密文对 (T, T^*). 下面简要说明如何利用中间状态差分值排除错误密钥, 以及如何计算信噪比和需要的选择明文量.

根据图 6.4, 若当前明文对 (P, P^*) 是正确对, 设其密文对为 $T = (l, r), T^* = (l^*, r^*)$, 则

$$H' = l' \oplus g' = l' \oplus e' \oplus F' = l' \oplus (04\ 00\ 00\ 00_x) \oplus P(*0\ *\ *\ 00\ 00_x),$$

从而第 8 轮中 S 盒的输出差分为 $P^{-1}(H') = P^{-1}(l') \oplus P^{-1}(04\ 00\ 00\ 00_x) \oplus (*0\ *\ *\ 00\ 00_x) \triangleq \delta_{l'}$, 此时, 5 个 S 盒 S_2, S_5, S_6, S_7, S_8 的输出差分均可求, 即 $\delta_{L'}$ 的 5 个分量已知, 由此可过滤错误密钥.

假设攻击者获得某个密文对 $(T, T^*), T = (l, r), T^* = (l^*, r^*)$, 由于密文右半部分即为第 8 轮轮函数的输入, 攻击者只需猜测第 8 轮中进入 S_2, S_5, S_6, S_7, S_8 的共 $t = 5 \times 6 = 30$ 比特的轮密钥, 然后计算这 5 个 S 盒的输出差分, 判断其是否与 $\delta_{l'}$ 中相应的 5 个分量相等. 如果相等, 就对猜测的 30 比特密钥相应的计数器值加 1. 选择多组这样的明文对及相应的密文对, 重复上面的过程, 取值最大的计数器对应的密钥为正确密钥.

下面分析 "信噪比" 的大小并确定选择明文量. 攻击过程没有涉及过滤步骤, 故 $\lambda = 1$. DES 算法中 S 盒是 6×4 的 S 盒, 故差分分布表中各项出现的平均个数为 $2^6/2^4 = 4$. 攻击过程中需要猜测 5 个 S 盒对应的密钥, 因而每一个密文对, 平均 "蕴含" $v = 4^5 = 2^{10}$ 个密钥, 从而攻击的信噪比为

$$S/N = \frac{2^t \cdot p}{\lambda \cdot v} = \frac{2^{30} \cdot 2^{-13.36}}{1 \cdot 2^{10}} = 2^{6.64} \approx 100,$$

据此, 选择明文量的数目为 $m = c \cdot \frac{1}{P_\Omega} = 3 \times 2^{13.36} \approx 2^{15}$.

6.2.4 更高轮数 DES 算法的差分分析

对更高轮 DES 算法的差分攻击, 需要攻击者寻找高概率的差分特征, 我们一般先寻找低轮数的迭代差分特征, 再将其自身进行级联构造高轮数的差分特征. 比如, DES 算法存在图 6.5 所示的两条概率为 1/234 的 2 轮迭代差分特征.

利用上述 2 轮迭代特征攻击者可以构造 3, 5 ,7, 9, 11, 13, 15 轮的差分特征区分器, 相应的概率分别为 $\frac{1}{234}, \frac{1}{55000}, 2^{-24}, 2^{-32}, 2^{-40}, 2^{-48}, 2^{-56}$. 如果直接利用 15 轮的差分特征作为区分器对完整的 16 轮 DES 算法进行攻击, 则数据复杂度将达到 $c \cdot 2^{56}$, 超过了密钥穷举量.

1992 年美密会上 Biham 和 Shamir[26] 利用 13 轮最优迭代差分特征, 前面添加 1 轮, 后面添加 2 轮, 实现了首个对完整 16 轮 DES 的差分分析. 攻击需要的选择明文数仅为 2^{47}, 需要的内存可以忽略不计, 且能够在多达 2^{33} 个不相关的处理器上以线性速度运行, 攻击可以用任意数量的可用密文逐步进行, 且成功率随

着可用密文的数量增加而线性增大. 这也是目前差分密码分析对 DES 最好的攻击结果.

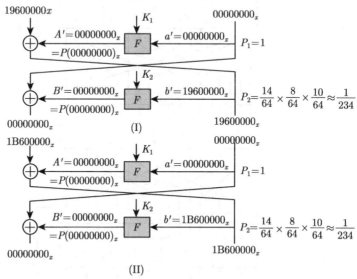

图 6.5   DES 算法的 2 轮迭代差分特征

6.3   SPN 简化模型的差分分析

本节介绍 H. M. Heys[37] 给出的 SPN 简化模型, 并给出其差分分析.

6.3.1   SPN 简化模型

图 6.6 是一个 4 轮 SPN 结构的简化模型, 算法的分组长度为 16 比特, 输入明文为 $P = (P_1, \cdots, P_{16})$, 输出密文为 $C = (C_1, \cdots, C_{16})$. 每轮变换由密钥加、S 盒变换和比特置换 P 构成, 最后一轮比特置换改成密钥加.

图 6.6 中 S_{ij} 为相同的 4 比特 S 盒, 真值表见表 6.4, 扩散层 P 为 16 比特数间的简单置换, 置换表 P 见表 6.5.

为叙述方便, 引入几个符号. 对任意 $1 \leqslant i \leqslant 4$, 记第 i 轮的输入为 X_i, 依次经过密钥加、S 盒变换和比特置换 P 后的输出分别为 U_i, V_i, W_i, 则第 i 轮的输出 $X_{i+1} = W^i = P(\mathrm{S}(X^i \oplus K^i))$. 对任意中间状态 Y_i, 记 Y_{ij} 为 Y_i 的第 j 比特, $1 \leqslant j \leqslant 16$, $Y_{i,\langle k \rangle}$ 为 Y_i 的第 k 个半字节, $k = 1, 2, 3, 4$.

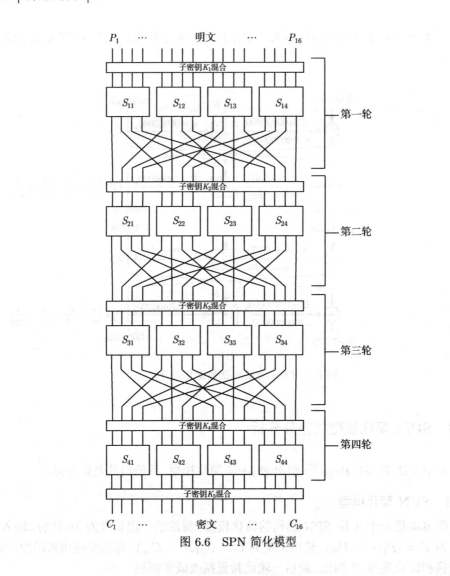

图 6.6　SPN 简化模型

表 6.4　SPN 简化模型中的 S 盒

X	0	1	2	3	4	5	6	7	8	9	A	B	C	D	E	F
S(X)	E	4	D	1	2	F	B	8	3	A	6	C	5	9	0	7

表 6.5　SPN 简化模型中的 P 置换

i	1	2	3	4	5	6	7	8	9	10	11	12	13	14	15	16
P(i)	1	5	9	13	2	6	10	14	3	7	11	15	4	8	12	16

为简化分析, 我们不考虑密钥扩展算法, 假定各轮轮子密钥独立并指定

$$K_1 = 0011\ 1010\ 1001\ 0100,$$

$$K_2 = 1010\ 1001\ 0100\ 1101,$$

$$K_3 = 1001\ 0100\ 1101\ 0110,$$

$$K_4 = 0100\ 1101\ 0110\ 0011,$$

$$K_5 = 1101\ 0110\ 0011\ 1111.$$

当初始明文为 0010 0110 1011 0111 时, 表 6.6 列出了加密过程中各中间状态的值, 最终得到的密文为 1011 1100 1101 0110.

表 6.6 SPN 简化模型加密实例

变量	状态值	变量	状态值
P	0010 0110 1011 0111	K_3	1001 0100 1101 0110
K_1	0011 1010 1001 0100	U_3	1101 0101 0110 1110
U_1	0001 1100 0010 0011	V_3	1001 1111 1011 0000
V_1	0100 0101 1101 0001	W_3	1110 0100 0110 1110
W_1	0010 1110 0000 0111	K_4	0100 1101 0110 0011
K_2	1010 1001 0100 1101	U_4	1010 1001 0000 1101
U_2	1000 0111 0100 1010	V_4	0110 1010 1110 1001
V_2	0011 1000 0010 0110	K_5	1101 0110 0011 1111
W_2	0100 0001 1011 1000	C	1011 1100 1101 0110

6.3.2 S 盒的差分分布表和 3 轮差分特征

上述 SPN 简化模型中 S 盒的差分分布表如表 6.7 所示. 记 $N_S(\alpha, \beta)$ 为满足输入差分为 α 输出差分为 β 的 S 盒的输入集中变量 X 的个数. 从表 6.7 可以看出, $N_S(\alpha, \beta)$ 的最大值为 8, 次大值为 6, 构造高概率差分特征时优先选择这些输入输出差对. 兼顾差分特征中活动 S 盒个数尽量小, 最终用于构造高概率差分特征是如下几个差分对:

$$N_S(\mathrm{B}, 2) = 8, \quad N_S(4, 6) = 6, \quad N_S(2, 5) = 6.$$

根据 S 盒的差分分布表, 为构造高概率的 3 轮差分特征, 第一轮选择一个 S 盒的输入差分为 B = (1011), 输出差分为 2 = (0010), 经扩散层 P 后希望某个 S 盒的输入差分为 4 = (0100). 结合 P 置换的性质, 选择初始明文差分为 0000 1011 0000 0000, 它经密钥加后差分不变, 经过 S 盒变换后指定其输出差分为 0000 0010 0000 0000, 成立的概率为 8/16 = 1/2. 再经过 P 变换后输出差分为 0000 0000 0100 0000, 由此可得一轮差分特征 (0000 1011 0000 0000) $\to$ (0000 0000 0100 0000), 其差分概率为 1/2.

同上面的分析, 当输入差分为 0000 0000 0100 0000 时, 经密钥加后差分不变, 经 S 盒变换后指定其输出差分为 0000 0000 0110 0000, 成立的概率为 6/16 = 3/8. 再经过 P 变换后输出差分为 0000 0010 0010 0000, 由此可得 2 轮差分特征 (0000 1011 0000 0000) $\to$ (0000 0000 0100 0000) $\to$ (0000 0010 0010 0000), 其差分概率为 $(1/2) \cdot (3/8) = 3/16$.

表 6.7　SPN 简化模型中 S 盒的差分分布表

α	β															
	0	1	2	3	4	5	6	7	8	9	A	B	C	D	E	F
0	16	0	0	0	0	0	0	0	0	0	0	0	0	0	0	0
1	0	0	0	2	0	0	0	2	0	2	4	0	4	2	0	0
2	0	0	0	2	0	6	2	2	0	2	0	0	0	0	2	0
3	0	0	2	0	2	0	0	0	0	0	4	0	2	0	0	4
4	0	0	0	2	0	0	6	0	0	2	0	4	2	0	0	0
5	0	4	0	0	0	2	2	0	0	0	4	0	2	0	0	2
6	0	0	0	4	0	4	0	0	0	0	0	0	2	2	2	2
7	0	0	2	2	2	0	2	0	0	2	2	0	0	0	0	4
8	0	0	0	0	0	0	2	2	0	0	0	4	0	4	2	2
9	0	2	0	0	2	0	0	4	0	0	2	2	2	0	0	0
A	0	2	2	0	0	0	0	6	0	0	0	2	0	0	4	0
B	0	0	**8**	0	0	2	0	0	0	0	0	0	2	0	0	2
C	0	2	0	0	2	2	2	0	0	0	0	2	6	0	0	0
D	0	4	0	0	0	0	0	4	2	0	0	0	2	0	2	0
E	0	0	2	4	2	0	0	0	6	0	0	0	0	0	2	0
F	0	2	0	0	6	0	0	0	0	4	0	2	0	0	2	0

进而, 当输入差分为 0000 0010 0010 0000 时, 经密钥加后差分不变, 经 S 盒变换后指定其输出差分为 0000 0101 0101 0000, 成立的概率为 $(3/8)^2$. 再经过 P 变换后输出差分为 0000 0110 0000 0110, 由此可得如图 6.7 和表 6.8 所示的 3 轮差分特征

$$(0000\ 1011\ 0000\ 0000) \to (0000\ 0000\ 0100\ 0000)$$
$$\to (0000\ 0010\ 0010\ 0000) \to (0000\ 0110\ 0000\ 0110),$$

其差分概率为 $(1/2) \cdot (3/8)^3 = 27/1024$.

6.3.3　SPN 简化模型的差分攻击

利用前面得到的 3 轮差分特征 (0000 1011 0000 0000) $\to_{3R}$ (0000 0110 0000 0110) 可以给出此 SPN 简化模型的差分分析. 具体攻击步骤如下:

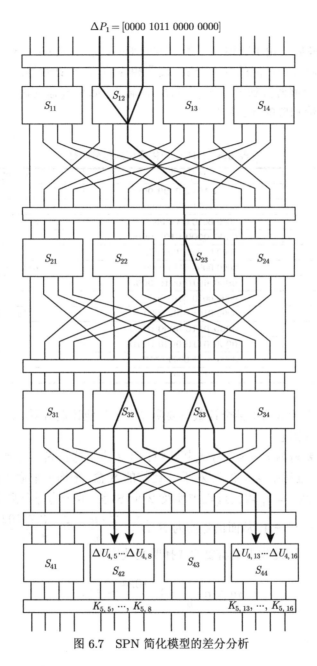

图 6.7 SPN 简化模型的差分分析

(1) 选择 $m \approx c \cdot \dfrac{1}{p}$ 个明文对 (P, P^*), 满足 $\Delta P = P \oplus P^* = 0000\ 1011\ 0000\ 0000$, 并找到相应的密文对 (C, C^*).

(2) 计算 $\Delta C = C \oplus C^*$, 保留使得 $\Delta C_{\langle 1 \rangle} = \Delta C_{\langle 3 \rangle} = 0000$ 的密文对作为正

确对.

(3) 猜测最后一轮子密钥 K_5 的 8 个比特 $K_{5,5}, K_{5,6}, K_{5,7}, K_{5,8}, K_{5,13}, K_{5,14}, K_{5,15}, K_{5,16}$. 对每个可能的候选密钥, 设置相应的 2^8 个计数器, 对每个密文正确对 (C, C^*), 部分解密得到 S 盒 S_{42} 和 S_{44} 的输入, 如果 S 盒的输入差分 $\Delta U_{4,13} = 0110\ 0110$, 则给相应的计数器加 1.

表 6.8　SPN 简化模型的差分特征

变量	状态差分值	差分概率
ΔP	**0000 1011 0000 0000**	
ΔU_1	0000 1011 0000 0000	
ΔV_1	0000 0010 0000 0000	$8/16 = 1/2$
ΔW_1	**0000 0000 0100 0000**	
ΔU_2	0000 0000 0100 0000	
ΔV_2	0000 0000 0110 0000	$6/16 = 3/8$
ΔW_2	**0000 0010 0010 0000**	
ΔU_3	0000 0010 0010 0000	
ΔV_3	0000 0101 0101 0000	$6/16 = 3/8$
ΔW_3	**0000 0110 0000 0110**	
ΔU_4	**0000 0110 0000 0110**	
ΔV_4	0000 **** 0000 ****	
ΔC	0000 **** 0000 ****	

(4) 将 2^8 个计数器中某个计数值要明显大于其他计数值所对应的密钥作为攻击获得的正确密钥值.

攻击中需要猜测 $l = 8$ 个子密钥比特, 第 2 步筛选正确对时要满足 $\Delta C_{\langle 1 \rangle} = \Delta C_{\langle 3 \rangle} = 0000$, 过滤率 $\lambda = 2^{-8}$, 对于 4 比特的 S 盒, 平均每个输入输出差分对出现的个数为 $2^4/2^4 = 1$, 攻击过程中涉及 2 个 S 盒, 故平均每个密文对所 "蕴含" 的密钥个数 $v = 1^2 = 1$, 从而信噪比为 $S/N = \dfrac{2^l \cdot p}{\lambda \cdot v} = \dfrac{2^8 \cdot (27/1024)}{2^{-8} \cdot 1} = 1728$, 故可取常数 $c = 3$. 因此攻击中需要的选择明文数约为

$$m \approx c \cdot \frac{1}{p} \approx 3 \cdot \frac{1024}{27} \approx 114.$$

第 7 章

分组密码的线性分析

分组密码的线性分析最早由 Matsui[4] 在 1993 年欧密会上提出, 同样用于分析 DES 算法, 随后在 1994 年美密会上第一次用实验给出了全轮 DES 算法的攻击[27]. 线性分析的优势在于攻击类型是已知明文攻击, 主要通过利用明文的某些比特和对应的密文比特以及密钥之间偏差较大的线性关系恢复正确密钥. 线性分析同差分分析一样, 已经成为分组密码最有效的分析方法之一和必须要考虑的重要安全准则. 基本线性分析利用高偏差的线性逼近进行正确密钥的筛选, 一般情况下, 线性逼近的偏差越大, 线性分析越有效. 在线性分析的基础上, 基于线性分析的扩展方法层见叠出, 对很多重要的分组密码算法构成了威胁. 本章先介绍分组密码线性分析的基本原理, 接着介绍对 DES 算法和 SPN 简化模型的线性分析.

7.1 线性分析的基本原理

假设考虑 r 轮迭代分组密码算法 E 如图 5.2 所示, 下面给出线性分析涉及的基本概念.

定义 7.1 (线性掩码) 设 $X \in F_2^n$, X 的**线性掩码**定义为某个向量 $\Gamma X \in F_2^n$, ΓX 和 X 的内积 $\Gamma X \cdot X$ 代表 X 的某些分量的线性组合, 即 $\Gamma X \cdot X = \bigoplus_{i, \Gamma X_i = 1} X_i$.

定义 7.2 (线性逼近关系式) 设迭代分组密码的轮函数为 $F(X, K)$, 给定一对线性掩码 (α, β), 称 $\alpha \cdot X \oplus \beta \cdot F(X, K) = 0 \alpha$ 为 $F(X, K)$ 的**线性逼近关系式**, 此时也称 α 为输入掩码, β 为输出掩码, 称 $\alpha \cdot X \oplus \beta \cdot F(X, K) = 0$ 为分组密码 $E(X, K)$ 的线性逼近关系式.

为叙述方便, 下面也常用线性掩码 (α, β) 来表示相应的线性逼近关系式. 记 $p(\alpha, \beta) = \mathop{\text{Prob}}\limits_{X, K} \{\alpha \cdot X = \beta \cdot F(X, K)\}$, p 表示线性逼近关系式 $\alpha \cdot X \oplus \beta \cdot F(X, K) = 0$ 的概率. 在线性分析中, 一般采用**偏差**或者**相关性**来描述线性逼近关系式的概率特征, 偏差 $\varepsilon_F(\alpha, \beta) = p(\alpha, \beta) - \dfrac{1}{2}$, 相关性 $\text{Cor}_F(\alpha, \beta) = 2p(\alpha, \beta) - 1$. 在线性分

析中, 仍然要求满足等价密钥假设, 即假设对大多数密钥而言, 固定密钥下线性逼近关系式成立的概率与密钥相互独立且随机均匀分布时的概率近似相等.

定义 7.3(线性特征) 迭代分组密码的一条 r 轮线性特征是指一条线性掩码序列

$$\Omega = (\beta_0, \beta_1, \cdots, \beta_r),$$

其中 β_0 是输入掩码, $\beta_i(1 \leqslant i \leqslant r)$ 为第 i 轮输出的中间状态 Y_i 的掩码 (图 7.1).

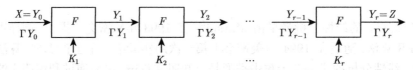

图 7.1　迭代分组密码的线性掩码示意图

图 7.1 中迭代分组密码 r 轮线性特征 Ω 对应的线性概率 $LP(\Omega)$ 是指在输入 X, 轮密钥 $K_1, K_2, \cdots, K_r$ 取值独立且均匀分布的情形下, 当输入掩码为 β_0 时, 在加密过程中, 第 i 轮的输出 Y_i 的掩码值为 β_i 的线性概率, 其中 $1 \leqslant i \leqslant r$.

线性特征也称为线性路径 (linear path)、线性轨迹 (linear trail) 等. 类似于第 2 章差分特征和差分的关系, 线性分析中还有线性壳 (linear hull) 的概念.

定义 7.4(线性壳) 迭代分组密码的一条 r 轮线性壳是指一对掩码 (α, β), 其中 α 是输入掩码, β 是输出掩码.

线性壳仅仅给定了输入掩码和输出掩码, 中间状态的掩码值未指定, 而线性特征不仅给定了输入输出掩码, 还指定了中间状态的掩码值. r 轮线性壳 (α, β) 的线性概率是指在输入 X, 轮密钥 $K_1, K_2, \cdots, K_i$ 取值独立且均匀分布的情形下, 当输入掩码为 α 时, 经过 r 轮加密后, 输出掩码为 β 的线性概率, 可记为 $LP(\alpha, \beta)$ 或者 $LP(\alpha \rightarrow \beta)$.

r 轮线性特征 $(\beta_0, \beta_1, \cdots, \beta_r)$ 和 r 轮线性壳 (α, β) 对应的偏差和线性概率可以通过下面介绍的 "堆积引理" 计算得到.

引理 7.1(堆积引理)[4] 假设 $X_i(1 \leqslant i \leqslant n)$ 是取值为 0 或 1 的相互独立的随机变量, 其概率分布为 $P(X_i = 0) = p_i, P(X_i = 1) = 1 - p_i$, 则

$$P(X_1 \oplus X_2 \oplus \cdots \oplus X_n = 0) = \frac{1}{2} + 2^{n-1} \prod_{i=1}^{n} \left(p_i - \frac{1}{2} \right).$$

记 $\varepsilon_i = p_i - \dfrac{1}{2}$, $\mathrm{Cor}_i = 2p_i - 1$ 分别为随机变量 X_i 的偏差和相关性, ε 和 Cor 分别为 $X_1 \oplus X_2 \oplus \cdots \oplus X_n$ 的偏差和相关性, 则

$$\varepsilon = 2^{n-1} \prod_{i-1}^{n} \varepsilon_i, \quad \text{Cor} = \prod_{i=1}^{n} \text{Cor}_i.$$

由堆积引理可知, r 轮线性特征 $\Omega = (\beta_0, \beta_1, \cdots, \beta_r)$ 成立的偏差和线性概率分别为

$$\varepsilon(\Omega) = 2^{r-1} \prod_{i=1}^{r} \varepsilon(\beta_{i-1}, \beta_i), \quad LP(\Omega) = \prod_{i=1}^{r} LP(\beta_{i-1}, \beta_i),$$

其中 $\varepsilon(\beta_{i-1}, \beta_i)$ 和 $LP(\beta_{i-1}, \beta_i)$ 分别为第 i 轮轮函数的线性逼近关系式对应的偏差和线性概率. 若将所有起点线性掩码为 α、终点为 β 的线性特征记为 $\Omega = (\beta_0, \beta_1, \cdots, \beta_{r-1}, \beta_r), \beta_0 = \alpha, \beta_r = \beta$, 则有

$$LP(\alpha, \beta) = \sum_{\beta_0, \beta_1, \cdots, \beta_{r-1}} LP(\Omega).$$

定义 7.5(线性特征的级联) 给定两条线性特征 $\Omega^1 = (\beta_0, \beta_1, \cdots, \beta_s), \Omega^2 = (\gamma_0, \gamma_1, \cdots, \gamma_t)$, 若 $\beta_s = \gamma_0$, 则称 $\Omega = (\beta_0, \beta_1, \cdots, \beta_s, \gamma_0, \gamma_1, \cdots, \gamma_t)$ 为 Ω^1 和 Ω^2 的级联, 记为 $\Omega = \Omega^1 || \Omega^2$, 此时线性概率为 $LP(\Omega) = LP(\Omega^1) \cdot LP(\Omega^2)$, 偏差为 $\varepsilon_\Omega = 2 \cdot \varepsilon_{\Omega^1} \cdot \varepsilon_{\Omega^2}$.

定义 7.6(迭代线性特征) 若一条 r 轮线性特征 $\Omega = (\beta_0, \beta_1, \cdots, \beta_r)$ 满足 $\beta_0 = \beta_r$, 则称 Ω 是一条 r 轮迭代线性特征. 若 Ω 是迭代线性特征, 则它自身可进行级联, 而且可以级联多次.

下面详细介绍对迭代分组密码的线性攻击. 如果找到了一条 $r-1$ 轮线性逼近关系式 (α, β), 其线性概率 $LP(\alpha, \beta) \neq 0$, 即偏差 $\varepsilon(\alpha, \beta) \neq 0$, 则利用该线性逼近关系式可以将 $r-1$ 轮的加密算法与随机置换区分开, 称其为线性区分器. 利用该线性区分器可以对分组密码进行密钥恢复攻击, r 轮迭代密码的线性密码分析的基本过程总结如下.

算法 7.1.1 r 轮迭代密码的线性密码分析

步骤 1 找到一条 $r-1$ 轮的线性壳 (α, β) 或者线性特征 $(\beta_0, \beta_1, \cdots, \beta_{r-1}, \beta_r)$, 其中 $\beta_0 = \alpha, \beta_r = \beta$, 使得 $|\varepsilon(\alpha, \beta)|$ 达到最大或者几乎最大, 设偏差为 ε.

步骤 2 攻击者猜测第 r 轮轮密钥 k_r (或其部分比特), 设猜测密钥量为 l, 对每个可能的候选密钥 $gk_i, 0 \leqslant i \leqslant 2^l - 1$, 设置相应的 2^l 个计数器 λ_i, 并且初始化清零.

步骤 3 均匀随机地选取明文 X, 找到 X 在实际密钥加密下所得的密文 Z.

步骤 4 用第 r 轮中每一个猜测的轮密钥 gk_i (或其部分比特) 解密密文 Z, 得到 Y_{r-1}, 计算 $\alpha \cdot X \oplus \beta \cdot Y_{r-1}$ 是否为 0, 若为 0, 则给相应的计数器 λ_i 加 1.

步骤 5 将 2^l 个计数器中 $\left| \dfrac{\lambda_i}{m} - \dfrac{1}{2} \right|$ 最大值所对应的密钥 gk_i (或其部分比特) 作为攻击获得的正确密钥值.

同差分分析类似, 线性分析本质上属于统计范畴, 攻击成功的概率跟明文量有关. 在适当的假设下这个概率的准确值一般需要求得相应二项分布的精确数值解. 对于线性分析而言, 根据建立的概率模型, 可以用正态分布逼近二项分布来近似求解. 表 7.1 列出了当取伪率 2^{-a} 不同时, 线性密码分析成功的概率与数据量估计值 $m \approx c \cdot \dfrac{1}{\varepsilon^2}$ 中常数 c 的关系. 关于差分与线性分析成功率更为深刻的研究可参考文献 [38].

表 7.1 a-比特优势下线性分析的成功率与常数 c 的关系

a	$c = 2$	$c = 4$	$c = 8$	$c = 16$	$c = 32$	$c = 64$
8	0.477	0.867	0.997	1.000	1.000	1.000
16	0.067	0.373	0.909	1.000	1.000	1.000
32	0.000	0.010	0.248	0.952	1.000	1.000
48	0.000	0.000	0.014	0.552	0.999	1.000

7.2   DES 算法的线性分析

下面考虑 DES 算法的线性分析, 同样忽略算法中的初始置换 IP 及其逆置换 IP^{-1}. 本节先给出 DES 算法线性分析的基本原理和方法, 再给出 DES 算法 S 盒的线性逼近表和轮函数的线性逼近关系式, 最后给出减轮 DES 算法的线性分析.

为叙述方便, 本节沿用 Matsui 在文献 [4] 中的记号, 同样考虑如图 6.2 所示的 DES 加密算法. 设输入明文为 P, 输出密文为 $C, P_H(C_H)$、$P_L(C_L)$ 分别为 $P(C)$ 的左右 32 比特. 记 X_i 为第 i 轮轮函数 F 的输入, K_i 为第 i 轮的轮子密钥, $F(X_i, K_i)$ 为第 i 轮的轮函数. 对任意 n-比特变量 A, 记 $A[i]$ 为 A 的第 i 比特, 其中最右边比特为 0, 即有 $A = (A[n-1] \cdots A[1]A[0])$, 再记 $A[i, j, \cdots, k] = A[i] \oplus A[j] \oplus A[k]$.

7.2.1   DES 算法线性分析的原理

线性分析的关键是寻找明文和相应密文之间的一个有效的线性逼近关系式. 假设我们已经得到了 DES 算法明密文间的如下线性逼近关系式:

$$P[i_1, i_2, \cdots, i_a] \oplus C[j_1, j_2, \cdots, j_b] = K[k_1, k_2, \cdots, k_c], \quad (7.2.1)$$

其中 P 为明文, C 为密文, K 为种子密钥 (或轮子密钥), $i_1, i_2, \cdots, i_a; j_1, j_2, \cdots, j_b;$ $k_1, k_2, \cdots, k_c$ 代表固定的比特位置. 类似于序列密码的相关攻击, 利用此线性逼

近关系式, 由下面的算法 7.2.1 可以得到密钥 K 的 1 比特信息. 算法 7.2.1 给出的攻击方法基于极大似然估计, 在本质上属于概率算法.

算法 7.2.1　单比特密钥信息还原算法[4]

随机给定 N 个已知明文和对应的密文, 令 T 为使得线性关系式 (7.2.1) 左边等于 0 的明密文对个数.

(1) 若 $(T - N/2) \cdot (p - 1/2) > 0$, 则 $K[k_1, k_2, \cdots, k_c] = 0$.

(2) 若 $(T - N/2) \cdot (p - 1/2) < 0$, 则 $K[k_1, k_2, \cdots, k_c] = 1$.

为了更加有效地攻击更长轮的 DES 算法, Matsui 给出了第 2 个攻击算法. 首先构造 $n-1$ 轮 DES 算法的有效线性逼近关系式 D, 然后将第 n 轮部分解密, 代入关系式 D, 获得攻击所需的线性逼近关系式:

$$P[i_1, i_2, \cdots, i_a] \oplus C[j_1, j_2, \cdots, j_b] \oplus F_n(C_L, K_n)[l_1, l_2, \cdots, l_d] = K[k_1, k_2, \cdots, k_c]$$
(7.2.2)

当猜测的第 n 轮轮密钥 K_n 正确时, 关系式 (7.2.2) 统计的就是 $n-1$ 轮算法的线性逼近关系式 D 的概率特性. 当猜测的轮密钥 K_n 错误时, 关系式 (7.2.2) 取值分布趋于 $\frac{1}{2}$, 此时偏差更小, 根据这个区别, 采用下面的算法 7.2.2 可以对 DES 算法的最后一轮进行密钥恢复攻击.

算法 7.2.2　子密钥信息还原算法[4]

随机给定 N 个已知明文和对应的密文, 对 K_n 的每一个候选密钥 $K_n^{(i)}(i = 1, 2, \cdots)$, 令 T_i 为使得关系式 (7.2.2) 左边等于 0 的个数. 令 $T_{\max}$ 和 $T_{\min}$ 分别为 T_i 中的最大值和最小值.

(1) 若 $|T_{\max} - N/2| > |T_{\min} - N/2|$, 则输出 $T_{\max}$ 所对应的候选密钥值作为正确密钥.

(1.1) 若 $p > 1/2$, 猜测 $K[k_1, k_2, \cdots, k_c] = 0$;

(1.2) 若 $p < 1/2$, 猜测 $K[k_1, k_2, \cdots, k_c] = 1$.

(2) 若 $|T_{\max} - N/2| < |T_{\min} - N/2|$, 则输出 $T_{\min}$ 所对应的候选密钥值作为正确密钥.

(2.1) 若 $p > 1/2$, 猜测 $K[k_1, k_2, \cdots, k_c] = 1$;

(2.2) 若 $p < 1/2$, 猜测 $K[k_1, k_2, \cdots, k_c] = 0$.

7.2.2　DES 算法 S 盒的线性逼近表

DES 算法采用的是 6×4 的 S 盒, 当输入掩码 α 遍历 F_2^6、输出掩码 β 遍历 F_2^4 时, 可以计算出

$$IN_S(\alpha, \beta) = \{X \in F_2^n : \alpha \cdot X = \beta \cdot S(X)\},$$
$$N_S(\alpha, \beta) = \#IN_S(\alpha, \beta),$$

以输入掩码 α 为行指标, 以输出掩码 β 为列指标, 行列交错处的项取值 $N_S(\alpha,\beta)-32$, 当 α 遍历 F_2^6、β 遍历 F_2^4 时, 我们可以得到各 S 盒的线性逼近表. 表 7.2 列出了 S_5 盒的部分线性逼近值.

表 7.2　DES 算法中 S_5 盒的部分线性逼近值

输入掩码	输出掩码														
	1	2	3	4	5	6	7	8	9	10	11	12	13	14	15
1	0	0	0	0	0	0	0	0	0	0	0	0	0	0	0
2	4	−2	2	−2	2	−4	0	4	0	2	−2	2	−2	0	−4
3	0	−2	6	−2	−2	4	−4	0	0	−2	6	2	−2	4	−4
4	2	−2	0	0	2	−2	0	0	2	−2	4	−4	−2	−2	0
5	2	2	−4	0	10	−6	−4	0	2	−10	0	4	−2	2	4
6	−2	−4	−4	−2	−4	2	0	0	−2	0	−2	−6	−8	2	0
7	2	0	2	−2	8	6	0	−4	6	0	−6	−2	0	−6	−4
8	0	2	6	0	0	−2	−6	−2	0	4	−12	2	6	−4	4
9	−4	6	−2	0	−4	−6	−6	−2	2	4	−12	2	6	−4	4
10	4	0	0	−2	−6	2	2	2	2	−2	2	4	−4	−4	0
11	4	4	4	6	2	−2	−2	−2	−2	2	−2	0	−8	−4	0
12	2	0	−2	0	2	2	10	−2	4	−2	−8	−2	8	−6	0
13	6	0	2	0	−2	4	−10	−2	0	−2	4	−2	8	−6	0
14	−2	−2	0	−2	4	0	2	−2	0	4	2	−4	6	−2	−4
15	−2	−2	8	6	4	0	2	2	4	8	−2	8	−6	2	0
16	2	−2	0	0	−2	−6	−8	0	−2	−2	−4	0	2	**10**	**−20**
17	2	−2	0	4	2	−2	−4	4	2	2	0	−8	−6	2	4
18	−2	0	−2	2	−4	−2	−8	4	6	4	6	−2	4	−6	0
19	−6	0	2	−2	4	2	0	4	−6	2	−6	4	2	−2	0
20	4	−4	0	0	0	0	0	−4	−4	0	4	0	−4	0	0
21	4	0	−4	−4	4	−8	−8	0	0	−4	0	4	8	4	0	4
22	0	6	6	2	−2	4	0	4	0	6	2	2	2	0	0
23	4	−6	−2	6	−2	−4	4	4	−4	−6	2	−2	2	0	4
24	6	0	2	4	−10	−4	2	2	0	−2	0	2	4	−2	−4
25	2	4	−6	0	−2	4	−2	6	8	6	4	10	0	2	−4
26	2	2	−8	−2	4	0	2	−2	6	4	2	0	−2	−2	0
27	2	6	−4	−6	0	0	2	6	8	0	−2	−4	−6	−2	0
28	0	−2	2	4	0	−6	2	−2	6	−4	0	2	2	0	0
29	4	−2	6	−8	0	−2	2	10	−2	−8	−8	2	0	0	4
30	−4	−8	0	0	−2	−2	−2	2	−2	2	6	4	4	4	0
31	−4	8	−8	2	−6	−6	−2	−2	2	−2	−2	−8	0	0	−4
32	0	0	0	0	0	0	0	0	0	0	0	0	0	0	0

观察 DES 算法各 S 盒的线性逼近表, $|N_S(\alpha,\beta)-32|$ 的最大值出现在 S_5 盒, 对应于 $N_{S_5}(16,15)=12$ 的情况, 如果要求 S 盒变换的输出仅 S_5 盒的输出掩码为 1111, 其余输出掩码都为 0, 则结合轮函数 $F(X,K)$ 的定义, 可以得到其高偏差的线性逼近关系式如下:

$$A: X[15] \oplus F(X,K)[7,8,24,29] = k[22], \quad p = \frac{12}{64}, \quad \varepsilon = -\frac{20}{64}.$$

DES 算法各 S 盒中 $|N_S(\alpha,\beta) - 32|$ 较大的其他取值分别对应下列情况:

$$N_{S_1}(27,4) = 22, \quad N_{S_1}(4,4) = 30,$$
$$N_{S_5}(16,14) = 42, \quad N_{S_5}(34,14) = 16,$$

分别将其扩展到轮函数 $F(X,K)$, 可以得到以下 4 个线性逼近关系式及其相应的概率、偏差:

$$B: X[27,28,30,31] \oplus F(X,K)[15] = K[42,43,45,46], \quad p = \frac{22}{64}, \quad \varepsilon = -\frac{10}{64}.$$

$$C: X[29] \oplus F(X,K)[15] = K[44], \qquad\qquad p = \frac{30}{64}, \quad \varepsilon = \frac{2}{64}.$$

$$D: X[15] \oplus F(X,K)[7,18,24] = K[22], \qquad\quad p = \frac{42}{64}, \quad \varepsilon = \frac{10}{64}.$$

$$E: X[12,16] \oplus F(X,K)[7,18,24] = K[19,23], \qquad p = \frac{16}{64}, \quad \varepsilon = -\frac{16}{64}.$$

以下分别用 A, B, C, D, E 表示上面提到的 5 条线性逼近关系式, 用 "–" 表示 F 函数输入和输出掩码都为 0 时的概率为 1 (偏差为 1/2) 的线性逼近表达式. 结合 Feistel 结构线性掩码的传播规律, 容易得到如下各轮 DES 算法的线性特征.

7.2.3 低轮 DES 算法的线性分析

基于上面提到的 5 组线性逼近关系式可以给出低轮 DES 算法的线性特征, 进而利用算法 7.2.1 可以恢复相应的密钥信息.

例 7.2.1(3 轮 DES 的线性分析) 将线性逼近关系式 A 应用于 3 轮 DES 算法的第 1 轮和第 3 轮, 得到式 (7.2.3) 和 (7.2.4),

$$P_H[7,18,24,29] \oplus X_2[7,18,24,29] \oplus P_L[15] = K_1[22], \qquad (7.2.3)$$

$$C_H[7,18,24,29] \oplus X_2[7,18,24,29] \oplus C_L[15] = K_3[22]. \qquad (7.2.4)$$

两式求和消去中间变量 $X_2[7,18,24,29]$ 可以构造 DES 算法如图 7.2 所示的 3 轮线性特征, 此时明密文间存在如下线性逼近关系:

$$P_H[7,18,24,29] \oplus C_H[7,18,24,29] \oplus P_L[15] \oplus C_L[15] = K_1[22] \oplus K_3[22]. \quad (7.2.5)$$

利用堆积引理, 该线性逼近关系式成立的偏差为 $\varepsilon = 2 \cdot \left(-\frac{20}{64}\right) \cdot \left(-\frac{20}{64}\right) \approx 0.20$. 利用式 (7.2.5), 通过算法 7.2.1 可以获得 $K_1[22] \oplus K_3[22]$ 的一个比特取值.

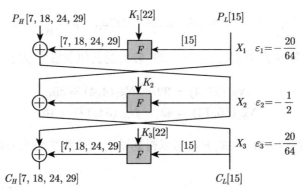

图 7.2　DES 算法的 3 轮线性特征

例 7.2.2(5 轮 DES 的线性分析)　将线性逼近关系式 B 应用于 5 轮 DES 算法的第 1 轮和第 5 轮, 可以得到如下偏差为 $-\dfrac{10}{64}$ 的线性逼近关系:

$$P_H[15] \oplus X_2[15] \oplus P_L[27,28,30,31] = K_1[42,43,45,46],$$
$$C_H[15] \oplus X_4[15] \oplus C_L[27,28,30,31] = K_5[42,43,45,46].$$

将线性逼近关系式 A 应用于 5 轮 DES 算法的第 2 轮和第 4 轮, 可以得到如下偏差均为 $-\dfrac{20}{64}$ 的两个线性逼近关系:

$$X_3[7,18,24,29] \oplus X_1[7,18,24,29] \oplus X_2[15] = K_2[22],$$
$$X_3[7,18,24,29] \oplus X_5[7,18,24,29] \oplus X_4[15] = K_4[22].$$

因为 $X_1[7,18,24,29] = P_L[7,18,24,29], X_5[7,18,24,29] = C_L[7,18,24,29]$, 对上面 4 个等式求和, 消去中间变量 $X_3[7,18,24,29]$ 和 $X_2[15], X_4[15]$, 可以构造 DES 算法如图 7.3 所示的 5 轮线性特征, 此时明密文间存在如下线性逼近关系:

$$P_H[15] \oplus P_L[7,18,24,27,28,29,30,31] \oplus C_H[15]$$
$$\oplus C_L[7,18,24,27,28,29,30,31]$$
$$= K_1[42,43,45,46] \oplus K_2[22] \oplus K_4[22] \oplus K_5[42,43,45,46]. \qquad (7.2.6)$$

利用堆积引理, 该线性逼近关系式成立的偏差为

$$\varepsilon = 2^3 \cdot \left(-\frac{10}{64}\right)^2 \cdot \left(-\frac{20}{64}\right)^2 \approx 0.019.$$

通过算法 7.2.1, 利用式 (7.2.6) 可以获得 $K_1[42,43,45,46] \oplus K_2[22] \oplus K_4[22] \oplus K_5[42,43,45,46]$ 的具体取值.

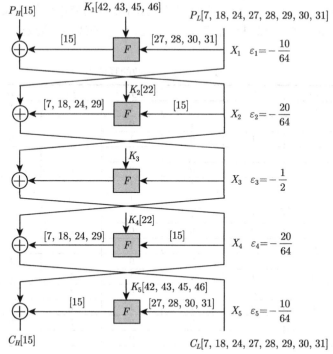

图 7.3 5 轮 DES 算法的线性特征

7.3 SPN 简化模型的线性分析

本节讨论 6.3 节给出的 4 轮 SPN 简化模型的线性分析. 线性密码分析的关键步骤是寻找 S 盒输入输出变量间的线性逼近关系. 下面先给出 S 盒的线性逼近关系, 再给出 SPN 简化模型的 3 轮线性特征和 4 轮线性分析.

7.3.1 S 盒的线性逼近表和 3 轮线性特征

根据表 7.2 S_5 盒的部分线性逼近表容易得到各分量函数的真值表如表 7.3 所示. 由表 7.3 可以计算出

$$\text{Prob}(x_1 \oplus x_4 \oplus y_2 = 0) = 1/2, \quad \text{Prob}(x_3 \oplus x_4 \oplus y_1 \oplus y_4 = 0) = 1/8,$$

从而线性逼近关系式 $x_1 \oplus x_4 \oplus y_2 = 0$ 成立的偏差为 0, 而线性逼近关系式 $x_3 \oplus x_4 \oplus y_1 \oplus y_4 = 0$ 成立的偏差为 $-3/8$.

更一般地, 当 α 遍历 F_2^n、β 遍历 F_2^m 时, 可以计算出

$$IN_S(\alpha, \beta) = \{X \in F_2^n : \alpha \cdot X = \beta \cdot S(X)\}, \quad N_S(\alpha, \beta) = \#IN_S(\alpha, \beta),$$

以输入掩码 α 为行指标, 以输出掩码 β 为列指标, 行列交错处的项取值 $N_S(\alpha, \beta)$, 当 α, β 遍历 F_2^4 时, 可以得到如表 7.4 所示的 S 盒的线性逼近表.

表 7.3 S 盒分量函数的真值表

x_1	x_2	x_3	x_4	y_1	y_2	y_3	y_4
0	0	0	0	1	1	1	0
0	0	0	1	0	1	0	0
0	0	1	0	1	1	0	1
0	0	1	1	0	0	0	1
0	1	0	0	0	0	1	0
0	1	0	1	1	1	1	1
0	1	1	0	1	0	1	1
0	1	1	1	1	0	0	0
1	0	0	0	0	0	1	1
1	0	0	1	1	0	1	0
1	0	1	0	0	1	1	0
1	0	1	1	1	1	0	0
1	1	0	0	0	1	0	1
1	1	0	1	1	0	0	1
1	1	1	0	0	0	0	0
1	1	1	1	0	1	1	1

表 7.4 SPN 简化模型中 S 盒的线性逼近表

α	β															
	0	1	2	3	4	5	6	7	8	9	A	B	C	D	E	F
0	16	8	8	8	8	8	8	8	8	8	8	8	8	8	8	8
1	8	8	6	6	8	8	6	14	10	10	8	8	10	10	8	8
2	8	8	6	6	8	8	6	6	8	8	10	10	8	8	2	10
3	8	8	8	8	8	8	8	10	2	6	6	10	10	6	6
4	8	10	8	6	6	4	6	8	8	6	8	10	10	4	10	8
5	8	6	6	8	6	8	12	10	6	8	4	10	8	6	6	8
6	8	10	6	12	10	8	8	10	8	6	10	12	6	8	8	6
7	8	6	8	10	10	4	10	8	6	8	10	8	12	10	8	10
8	8	8	8	8	8	8	8	6	10	10	6	10	6	6	2
9	8	8	6	6	8	8	6	6	4	8	6	10	8	12	10	6
A	8	12	6	10	4	8	10	6	10	10	8	8	10	10	8	8
B	8	12	8	4	12	8	12	8	8	8	8	8	8	8	8	8
C	8	6	12	6	8	8	10	8	10	8	10	12	8	10	8	6
D	8	10	10	8	6	12	8	10	4	6	10	8	8	10	8	10
E	8	10	10	8	6	4	8	10	6	8	6	4	10	6	8
F	8	6	4	6	6	8	10	8	8	6	12	6	6	8	10	8

由表 7.4 可以看出, $|N_S(\alpha, \beta) - 8|$ 最大值为 6, 次大值为 4, 例如

$$N_S(1, 7) = 14, \quad N_S(3, 9) = N_S(2, E) = 2,$$

$$N_S(6,3) = N_S(5,6) = N_S(B,4) = N_S(B,6) = 12,$$

$$N_S(4,5) = N_S(7,5) = N_S(5,A) = 4.$$

为构造偏差较大的 3 轮线性特征, 我们希望各轮活动 S 盒个数尽量小. 由于 $|N_S(\alpha,\beta) - 8|$ 最大值对应的输出掩码为 7, 9, E 中都至少含有 2 个非零比特, 因此选择了次大值对应的线性逼近关系 $(B,4)$ 作为第一轮活动 S 盒的线性掩码, 此时偏差为 $(12-8)/16 = 1/4$.

只有当第一轮第 2 个 S 盒为活动 S 盒时, 才能保证 P 变换后的第 2 轮的活动 S 盒仍然存在偏差较大的线性逼近关系. 选择输入掩码 0000 1011 0000 0000, 它经过 S 盒变换后输出掩码为 0000 0100 0000 0000, 成立的偏差为 $1/4$. 再经过 P 变换后输出掩码为 0000 0100 0000 0000. 此时第 2 轮的第 2 个 S 盒为活动 S 盒, 输入掩码为 $4 = 0100$, 结合 S 盒的线性逼近表, 选择输出掩码 $5 = 0101$, 它成立的偏差为 $(4-8)/16 = -1/4$, 再经过 P 变换后输出掩码为 0000 0100 0000 0100. 第 3 轮有 2 个活动 S 盒, 输入掩码都为 $4 = 0100$, 仍然选择输出掩码 $5 = 0101$, 经过 P 变换后第 3 轮的输出掩码为 0000 0101 0000 0101. 由此可以得到如图 7.4 和表 7.5 所示的 3 轮线性特征: $(0000\ 1011\ 0000\ 0000) \to (0000\ 0100\ 0000\ 0000) \to (0000\ 0100\ 0000\ 0100) \to (0000\ 0101\ 0000\ 0101)$, 它成立的偏差为

$$2^3 \cdot (1/4) \cdot (-1/4)^3 = -1/32.$$

表 7.5 SPN 简化模型的线性特征

掩码	中间状态掩码值	偏差
LP	**0000 1011 0000 0000**	
LU_1	0000 1011 0000 0000	
LV_1	0000 0100 0000 0000	$1/4$
LW_1	**0000 0100 0000 0000**	
LU_2	0000 0100 0000 0000	
LV_2	0000 0101 0000 0000	$-1/4$
LW_2	**0000 0101 0000 0000**	
LU_3	0000 0100 0000 0100	
LV_3	0000 0101 0000 0101	$1/16$
LW_3	**0000 0101 0000 0101**	
LU_4	**0000 0101 0000 0101**	
LV_4	0000 **** 0000 ****	
LC	000 **** 0000 ****	

7.3.2 SPN 简化模型的线性分析

根据上面的分析, SPN 简化模型存在如图 7.4 所示的偏差为 $-1/32$ 的 3 轮线性特征:

$$(0000\ 1011\ 0000\ 0000) \to (0000\ 0101\ 0000\ 0101).$$

该线性特征涉及如下 4 个活动 S 盒:

(1) S_{12} 中, 随机变量 $T_1 = U_{1,5} \oplus U_{1,7} \oplus U_{1,8} \oplus V_{1,6}$, 具有偏差 1/4;

(2) S_{22} 中, 随机变量 $T_2 = U_{2,6} \oplus V_{2,6} \oplus V_{2,8}$, 具有偏差 $-1/4$;

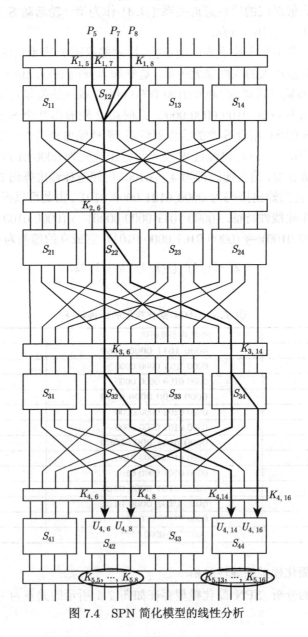

图 7.4 SPN 简化模型的线性分析

(3) S_{32} 中, 随机变量 $T_3 = U_{3,6} \oplus V_{3,6} \oplus V_{3,8}$, 具有偏差 $-1/4$;

(4) S_{34} 中, 随机变量 $T_4 = U_{3,14} \oplus V_{3,14} \oplus V_{3,16}$, 具有偏差 $-1/4$.

如果这 4 个随机变量相互独立, 那么由堆积引理, 随机变量 $T_1 \oplus T_2 \oplus T_3 \oplus T_4$ 具有偏差

$$2^3 \cdot (1/4) \cdot (-1/4)^3 = -1/32.$$

当这些随机变量不相互独立时, 我们仍然用 $-1/32$ 作为实际偏差的近似值.

此外还将发现和式 $T_1 \oplus T_2 \oplus T_3 \oplus T_4$ 中可以消去中间变量, 得到仅含有明文比特, U_4 部分比特和密钥部分比特的线性关系. 事实上, 由图 7.4 容易验证下面的关系成立:

$$T_1 = U_{1,5} \oplus U_{1,7} \oplus U_{1,8} \oplus V_{1,6} = (P_5 \oplus K_{1,5}) \oplus (P_7 \oplus K_{1,7}) \oplus (P_8 \oplus K_{1,8}) \oplus V_{1,6},$$
$$T_2 = U_{2,6} \oplus V_{2,6} \oplus V_{2,8} = (V_{1,6} \oplus K_{2,6}) \oplus V_{2,6} \oplus V_{2,8},$$
$$T_3 = U_{3,6} \oplus V_{3,6} \oplus V_{3,8} = (V_{2,6} \oplus K_{3,6}) \oplus V_{3,6} \oplus V_{3,8},$$
$$T_4 = U_{3,14} \oplus V_{3,14} \oplus V_{3,16} = (V_{2,8} \oplus K_{3,14}) \oplus V_{3,14} \oplus V_{3,16},$$

故有

$$T_1 \oplus T_2 \oplus T_3 \oplus T_4 = (P_5 \oplus P_7 \oplus P_8) \oplus (K_{1,5} \oplus K_{1,7} \oplus K_{1,8} \oplus K_{2,6} \oplus K_{3,6} \oplus K_{3,14})$$
$$\oplus V_{3,6} \oplus V_{3,8} \oplus V_{3,14} \oplus V_{3,16},$$

注意到

$$V_{3,6} = U_{4,6} \oplus K_{4,6}, \quad V_{3,8} = U_{4,14} \oplus K_{4,14},$$
$$V_{3,14} = U_{4,8} \oplus K_{4,8}, \quad V_{3,16} = U_{4,16} \oplus K_{4,16},$$

于是有

$$T_1 \oplus T_2 \oplus T_3 \oplus T_4 = (P_5 \oplus P_7 \oplus P_8 \oplus U_{4,6} \oplus U_{4,8} \oplus U_{4,14} \oplus U_{4,16})$$
$$\oplus (K_{1,5} \oplus K_{1,7} \oplus K_{1,8} \oplus K_{2,6} \oplus K_{3,6} \oplus K_{3,14} \oplus K_{4,6}$$
$$\oplus K_{4,14} \oplus K_{4,8} \oplus K_{4,16}).$$

由于密钥比特值是确定的, 故随机变量 $P_5 \oplus P_7 \oplus P_8 \oplus U_{4,6} \oplus U_{4,14} \oplus U_{4,8}$ 具有偏差 $\varepsilon = \pm 1/32$.

利用随机变量 $P_5 \oplus P_7 \oplus P_8 \oplus U_{4,6} \oplus U_{4,14} \oplus U_{4,8}$ 的偏差可以给出此 SPN 简化模型的线性分析. 具体攻击步骤如下:

(1) 选择 $N \approx c \cdot \varepsilon^{-2}$ 个明密文对 (P, C).

(2) 猜测最后一轮子密钥 K_5 的 8 个比特 $K_{5,5}, K_{5,6}, K_{5,7}, K_{5,8}, K_{5,13}, K_{5,14}$, $K_{5,15}, K_{5,16}$. 对每个可能的候选密钥, 设置相应的 2^8 个计数器, 对每个密文 C, 部

分解密得到 S 盒 S_{42} 的输入比特 $U_{4,6}, U_{4,8}$, 以及 S_{44} 的输入比特 $U_{4,14}, U_{4,16}$, 计算和式 $P_5 \oplus P_7 \oplus P_8 \oplus U_{4,6} \oplus U_{4,8} \oplus U_{4,14} \oplus U_{4,16}$ 的值, 若和为 0, 则给相应的计数器加 1.

(3) 选择计数值与 $N/2$ 的偏差 $|\text{Count} - N/2|$ 最大的计数器对应的密钥作为攻击获得的正确密钥值.

对于上述 SPN 简化模型, 由于 $\varepsilon^{-2} = 1024$, 当 $N = 8000$ 时就可以较高的成功率实施攻击.

第 8 章

分组密码的自动化分析

差分分析和线性分析是分组密码设计时首先要考虑的两大准则, 也是分析分组密码的两类重要方法. 差分分析和线性分析方法首要目标是寻找有效的差分和线性区分器, 用于区分分组密码算法和随机置换, 进而恢复部分乃至全部的密钥信息. 因此, 如何寻找一条好的区分器成为分组密码分析的关键点和难点. 人工搜索的方法固然可行, 但其花费时间较长且容易出错, 效率低下. 为此, 涌现出一批利用自动化搜索技术来寻找区分器的相关工作, 主要基于 MILP(混合整数线性规划问题)、基于 SAT(布尔可满足) 和基于 CP(constrait programming) 的自动化搜索工具. 自动化分析技术已经成为当前主流的密码分析工具之一. 本章先介绍两种主要的自动化分析方法的基本原理, 再以 PRESENT 算法为例, 详细介绍基于 MILP 的 PRESENT 算法差分分析和线性分析.

8.1 分组密码的自动化分析原理

MILP 是运筹学中的一类优化问题, 其目标是求解在一定约束条件下目标函数的最优值. 简单的整数线性规划问题中要求决策变量取值必须为整数, 而混合整数线性规划只有一部分必须取整数值, 另一部分可以不必取整数值. 近年来, 为了评估分组密码抵抗差分和线性攻击等常用攻击方法的能力, 许多密码学家将这个问题转化为 MILP, 并取得了很好的结果. 该技术最早由 Mouha 等[39] 引入到密码分析中, 并统计了面向字节密码的活跃 S 盒数量. 但这种技术适用于单差分模式与相关密钥模式, 只能给出安全界, 不能给出差分传递路径, 也不能直接用来搜索 "好" 的差分特征. 在 2014 年亚密会上, 孙思维等[40] 将这种技术扩展到了搜索线性特征和差分路径, 同年又提出一种搜索最大概率差分特征的 MILP 建模新技术, 相比于 Mouha 等的工作, 其创新点是重新刻画组件特性, 利用生成不等式及贪心算法重新构建 MILP 模型. 孙思维提出的 MILP 建模方法进行区分器的自动化搜索, 主要流程如图 8.1.

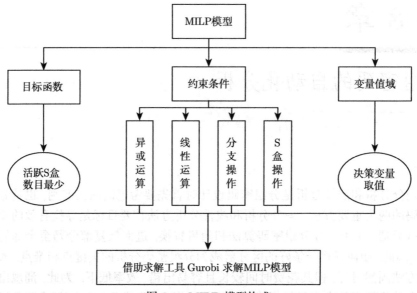

图 8.1　MILP 模型构成

MILP 模型由三部分组成, 即: 目标函数、约束条件以及变量值域, 其中变量的约束条件必须为线性关系. 在密码分析过程中, MILP 技术主要通过将密码算法中间状态之间的关系生成线性的约束条件, 然后根据区分器的特性 (活跃 S 盒的个数以及传播概率等) 来设置目标函数, 并结合变量的值域将区分器的搜索问题转化成 MILP, 最后利用求解工具, 如 Gurobi[41], 求解目标函数.

总结起来, 利用 MILP 求解差分路径或者线性路径的步骤如下:

步骤 1　构建描述加密算法 (1 到 r 轮) 的差分特征或线性逼近的 MILP 模型 M;

步骤 2　加入表示给定特性 (固定的差分或线性) 的限制条件;

步骤 3　利用 Gurobi 求解模型 M, 如果得到一个可行解 x, 保存 x, 并且在 M 中加入不等式 l^x, 使解 x 对新模型不是可行解, 如果该模型无法继续求解转到步骤 4, 否则, 重复步骤 3;

步骤 4　停止求解, 得到所有满足给定特性的路线.

SAT(Boolean satisfiability, 布尔可满足性) 问题是一个著名的判定问题. Mouha[42] 最早将 SAT 应用到 ARX 型密码算法 Salsa20 上, 通过将差分传播性质精确刻画为一个命题逻辑公式, 然后将该公式转化为 CNF(conjunctive normal form, 合取范式), 并通过 SAT 求解器得到其最佳差分路径. 2015 年美密会, Stefan 等[43] 基于 SAT 工具给出 SIMON 新的差分与线性路径自动化搜索方法. 基于 SAT 的自动化搜索的基本流程如图 8.2.

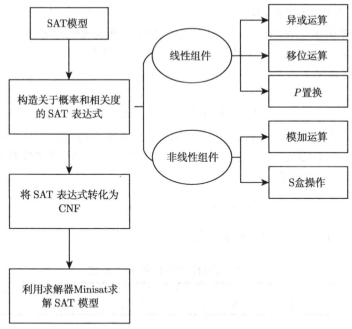

图 8.2 基于 SAT 的自动化搜索实现流程

8.2 基于 MILP 的 PRESENT 算法差分分析

8.2.1 PRESENT 算法介绍

PRESENT 算法是一种基于替换和排列的 SPN 网络的分组密码, 如图 8.3 所示. 该加密算法的输入为 64 比特明文、80 比特或者 128 比特密钥, 输出为 64 比特密文, 整个加密过程一共 31 轮. 每一轮包括 3 个基本的步骤: 轮密钥加 (AddRoundKey)、非线性替换 (SubCell) 以及比特置换 (PermBit). 其中, 经过 31 轮的轮变换之后, 轮密钥 K_{32} 用于后期白化过程.

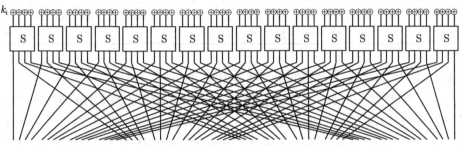

图 8.3 PRESENT 算法的轮变换

PRESENT 算法的基本模块定义如下:

(1) 轮密钥加 (AddRoundKey)　轮密钥加简单地将轮密钥按位异或到状态. 其中, 轮密钥的长度是 64 比特, 状态长度也是 64 比特. 给定一个轮密钥 $K_i = k_{63}^i k_{62}^i \cdots k_0^i$, $1 \leqslant i \leqslant 32$, 假定当前状态记为 $b_{63} b_{62} \cdots b_0$, 那么, 轮密钥加的操作为

$$b_j \leftarrow b_j \oplus k_j^i, \quad 0 \leqslant j \leqslant 63.$$

(2) 非线性替换 (SubCell)　64 比特状态 $b_{63} b_{62} \cdots b_0$ 被划分为 16 个半字节 $w_{15} \| w_{14} \| \cdots \| w_0$, 满足 $w_i = b_{4i+3} b_{4i+2} b_{4i+1} b_{4i}, 0 \leqslant i \leqslant 15$. 非线性替换对状态的每个 4 比特做 S 盒变换:

$$w_i \leftarrow S(w_i), \quad 0 \leqslant i \leqslant 15.$$

PRESENT 算法 S 盒如表 8.1 所示.

表 8.1　PRESENT 算法的 S 盒

x	0	1	2	3	4	5	6	7	8	9	A	B	C	D	E	F
$S(x)$	C	5	6	B	9	0	A	D	3	E	F	8	4	7	1	2

(3) 比特置换 (PermBit)　将状态中处于位置 j 的比特置换到位置 $B(j)$:

$$b_{B(j)} \leftarrow b_j, \quad j = 0, 1, \cdots, 63.$$

具体的比特置换 B 如表 8.2 所示.

表 8.2　PRESENT 算法的比特置换

j	0	1	2	3	4	5	6	7	8	9	10	11	12	13	14	15
$B(j)$	0	16	32	48	1	17	33	49	2	18	34	50	3	19	35	51
j	16	17	18	19	20	21	22	23	24	25	26	27	28	29	30	31
$B(j)$	4	20	36	52	5	21	37	53	6	22	38	54	7	23	39	55
j	32	33	34	35	36	37	38	39	40	41	42	43	44	45	46	47
$B(j)$	8	24	40	56	9	25	41	57	10	26	42	58	11	27	43	59
j	48	49	50	51	52	53	54	55	56	57	58	59	60	61	62	63
$B(j)$	12	28	44	60	13	29	45	61	14	30	46	62	15	31	47	63

8.2.2　PRESENT 算法组件差分性质描述

Sun 等[44] 在 2014 年亚密会上提出了基于比特级操作的 MILP 差分模型, 旨在寻找差分路径中活跃 S 盒的最小数目, 并提出了非线性组件 S 盒的数学描述方式. 下面主要基于 Sun 等提出的建模方法对 PRESENT 算法 S 盒的差分特性进行刻画.

S 盒差分特征的数学描述 对于一个 $w \times v$ 规模的 S 盒, 假设 $(x_0, x_1, \cdots, x_{w-1})$ 和 $(y_0, y_1, \cdots, y_{v-1})$ 分别是它的输入差分和输出差分. 并用 0-1 变量 A_t 来表示该 S 盒是否活跃, $A_t = 1$ 当且仅当输入差分 $x_0, x_1, \cdots, x_{w-1}$ 不全为 0, 有

$$\begin{cases} A_t - x_i \geqslant 0, \ i = 0, 1, \cdots, w-1, \\ x_0 + x_1 + \cdots + x_{w-1} - A_t \geqslant 0. \end{cases}$$

对于 S 盒的差分传播特性而言, 首先计算 PRESENT 算法的差分分布表, 如表 8.3 所示, 其中有 1 个 16, 24 个 4, 72 个 2. 进而利用差分模式 $(x, y) = (x_0, x_1, \cdots, x_{w-1}, y_0, y_1, \cdots, y_{v-1})$ 来表示 S 盒所有概率非零的差分对, 这样可以利用有限的离散点对 S 盒的差分性质进行刻画. 在此基础上, 通过使用 Sage-Math[45] 中的 inequality.generator() 函数推导出集合的 H 表示 (即凸包不等式组). 凸包不等式组能够将 S 盒所有概率非零差分对对应的差分模式 $(x, y) = (x_0, x_1, \cdots, x_{w-1}, y_0, y_1, \cdots, y_{v-1})$ 全部 "包含", 利用此不等式组可以刻画算法 S 盒的差分传播特性.

表 8.3　PRESENT 算法差分分布表

输入差分	输出差分															
	0	1	2	3	4	5	6	7	8	9	A	B	C	D	E	F
0	16	0	0	0	0	0	0	0	0	0	0	0	0	0	0	0
1	0	0	0	4	0	0	0	4	0	4	0	0	0	4	0	0
2	0	0	0	2	0	4	2	0	0	0	2	0	2	2	2	0
3	0	2	0	2	2	0	4	2	0	0	2	2	0	0	0	0
4	0	0	0	0	0	4	2	2	0	2	2	0	2	0	2	0
5	0	2	0	0	2	0	0	0	0	2	2	2	4	2	0	0
6	0	0	2	0	0	0	2	0	2	0	0	4	2	0	0	4
7	0	4	2	0	0	0	2	0	2	0	0	0	2	0	0	4
8	0	0	0	2	0	0	0	2	0	2	0	4	0	2	0	4
9	0	0	2	0	4	0	2	0	2	0	0	0	2	0	4	0
A	0	0	2	2	0	4	0	0	2	0	2	0	0	2	2	0
B	0	2	0	0	2	0	0	0	4	2	2	2	0	2	0	0
C	0	0	2	0	0	4	0	2	2	2	2	0	0	0	2	0
D	0	2	4	2	2	0	0	2	0	0	2	2	0	0	0	0
E	0	0	2	2	0	0	2	2	2	2	0	0	2	2	0	0
F	0	4	0	0	4	0	0	0	0	0	0	0	0	0	4	4

但通常来说, 利用 SageMath 生成的凸包不等式组中不等式数量较多且其中

包含大量冗余的不等式, 若直接使用则 MILP 的求解效率低, 因此 Sun 等提出利用贪心算法来移除凸包不等式组中大量冗余的不等式. 贪心算法具体见算法 8.2.1 描述, 利用贪心算法可以用少量线性不等式来精确描述 S 盒的差分特性, 进而提高 MILP 模型的求解效率.

算法 8.2.1 贪心算法

输入: 离散点集 P; 刻画离散点集 P 的不等式组 H.

输出: 利用贪心算法更新后的不等式组 H_{minus}.

1. 计算 P 的补集 P^c.

2. 若补集 P^c 不为空集:

3.   计算 H 中能消除不可能离散点数量最多的不等式 h;

4.   更新 H, 将不等式 h 从 H 中去除;

5.   更新补集 P^c, 将不等式 h 消除的不可能离散点从补集 P^c 中去除;

6. $H_{minus} \leftarrow H_{minus} \cup \{h\}$;

7. 返回步骤 2, 继续循环判断;

8. 返回 H_{minus}.

然而, 为寻找高概率的比特级差分路径, 需要把差分分布表中的概率信息加入 MILP 模型中, PRESENT 算法 S 盒差分分布表中的非零值为 2, 4 和 16, 因此在差分模式 $(x, y) = (x_0, x_1, \cdots, x_{w-1}, y_0, y_1, \cdots, y_{v-1})$ 的基础上了另外添加两个分量 (p_0, p_1) 来刻画 S 盒的差分性质, 对应关系如下:

$$
\begin{cases}
(p_0, p_1) = (1, 0), \ \text{若} \operatorname{Prob}\{(x_0, x_1, x_2, x_3) \to (y_0, y_1, y_2, y_3)\} = 2/16 = 2^{-3}, \\
(p_0, p_1) = (0, 1), \ \text{若} \operatorname{Prob}\{(x_0, x_1, x_2, x_3) \to (y_0, y_1, y_2, y_3)\} = 4/16 = 2^{-2}, \\
(p_0, p_1) = (0, 0), \ \text{若} \operatorname{Prob}\{(x_0, x_1, x_2, x_3) \to (y_0, y_1, y_2, y_3)\} = 16/16 = 2^0.
\end{cases}
$$

因为 MILP 模型搜索的是高概率的差分路径, 而概率乘积的最大值等价于每个 S 盒的概率值的指数和的最大值, 由于存在差分分布的概率指数部分全为负数, 故可转换为求指数之和的最小值, 即 $\min\{\sum(3 \times p_0 + 2 \times p_1)\}$.

所有概率非零的差分对, 由离散点 $(x_0, x_1, x_2, x_3, y_0, y_1, y_2, y_3, p_0, p_1)$ 进行刻画. 以 S 盒差分分布表的 $(1, 3)$ 为例, 它的概率为 2^{-2}, 因此它对应的离散点为 $(1, 0, 0, 0, 1, 1, 0, 0, 0, 1)$. 以此类推, 此时利用 F_2^{10} 上的一个离散子集对 S 盒差分特性进行刻画. 进而利用 SageMath 中的 inequality.generator() 函数推导出 F_2^{10} 上的离散点 $(x_0, x_1, x_2, x_3, y_0, y_1, y_2, y_3, p_0, p_1)$ 的凸包不等式组, 并使用贪心算法优化此不等式组, 最终凸包不等式组的规模由 1655 个降至 26 个 (表 8.4).

表 8.4　PRESENT 算法 S 盒差分特性的不等式描述

$(4\ 3\ 3\ 2\ 3\ 2\ 3\ 2\ -7\ -9\ 0)$	$(3\ 1\ 1\ -1\ 2\ 1\ -1\ 1\ -1\ -1\ 0)$
$(-2\ 1\ 1\ 0\ -2\ -4\ -4\ -4\ 11\ 14\ 0)$	$(0\ -1\ -1\ 0\ 0\ -1\ 0\ -1\ 3\ 4\ 0)$
$(6\ -4\ -4\ -8\ 0\ -1\ 2\ -1\ 17\ 10\ 0)$	$(3\ -3\ 4\ 1\ -3\ 2\ 4\ -2\ 4\ 2\ 0)$
$(0\ 0\ 0\ 0\ 0\ 0\ 0\ 0\ -1\ 1\ 1)$	$(0\ 1\ 1\ 3\ 4\ 2\ 3\ 2\ -4\ -6\ 0)$
$(-1\ -7\ 2\ 10\ 3\ 4\ 1\ -5\ 11\ 3\ 0)$	$(1\ 4\ -4\ 0\ -2\ -1\ -1\ -3\ 9\ 7\ 0)$
$(-3\ -1\ -1\ 0\ -4\ 2\ -4\ 2\ 10\ 9\ 0)$	$(-1\ -6\ 8\ 1\ -2\ -2\ -3\ -6\ 17\ 12\ 0)$
$(-3\ 4\ -2\ -5\ -1\ 3\ 1\ -3\ 11\ 7\ 0)$	$(-1\ 1\ -2\ -1\ 2\ -2\ -1\ 1\ 5\ 6\ 0)$
$(-1\ 2\ -5\ 5\ 0\ -3\ 1\ 2\ 7\ 4\ 0)$	$(-2\ 1\ 1\ 2\ 1\ -1\ -2\ -1\ 3\ 4\ 0)$
$(2\ 1\ 1\ 0\ 1\ 3\ 1\ 3\ -4\ -3\ 0)$	$(-1\ -1\ 0\ -1\ 1\ 1\ 0\ -1\ 3\ 4\ 0)$
$(-2\ -1\ 2\ -3\ -1\ -2\ 0\ 2\ 7\ 5\ 0)$	$(-1\ -1\ -1\ 0\ -1\ 0\ 0\ 0\ 3\ 4\ 0)$
$(0\ 2\ 2\ 1\ 0\ -1\ 0\ -1\ 0\ 1\ 0)$	$(-2\ -2\ -2\ 0\ -2\ 1\ -2\ 1\ 7\ 8\ 0)$
$(-1\ -1\ -1\ -1\ 0\ 0\ 0\ 0\ 3\ 4\ 0)$	$(-1\ -2\ 2\ -3\ 0\ -2\ -1\ 1\ 7\ 6\ 0)$
$(2\ -6\ -4\ 6\ -6\ 1\ -2\ 3\ 11\ 14\ 0)$	$(1\ 2\ -3\ 2\ -1\ -2\ 3\ 2\ 3\ 2\ 0)$

至此利用不等式组刻画了 PRESENT 算法 S 盒的差分特性, 而对于置换操作的刻画可以很容易地根据相应的位给出等式约束, 因此不再进行详细的叙述.

8.2.3　减轮 PRESENT 算法 MILP 差分分析模型

下面针对 PRESENT 算法进行差分路径的自动化搜索, 构建算法的多轮 MILP 模型, 先从简单情况入手, 即先构造单轮 PRESENT 算法差分区分器搜索的 MILP 模型, 假设构造第 r 轮差分传递模型, 用 x_{r-1} 和 x_r 代表第 r 轮输入差分和输出差分, y_{r-1} 表示第 r 轮 S 盒的输出差分, 其中

$$x_{r-1} = (x_{r-1}[63], x_{r-1}[62], \cdots, x_{r-1}[1], x_{r-1}[0]),$$

$$y_{r-1} = (y_{r-1}[63], y_{r-1}[62], \cdots, y_{r-1}[1], y_{r-1}[0]),$$

$$x_r = (x_r[63], x_r[62], \cdots, x_r[1], x_r[0]),$$

比如第 1 轮的输入差分和输出差分分别为

$$x_0 = (x_0[63], x_0[62], \cdots, x_0[1], x_0[0]),$$

$$x_1 = (x_1[63], x_1[62], \cdots, x_1[1], x_1[0]),$$

实际上 x_1 同时也是第 2 轮的输入差分.

对于 S 盒操作, 记 $a_{i,j}$ 为第 $i-1$ 轮第 j 个 S 盒的状态, $j = 0, 1, \cdots, 15$. 设它的输入差分为 $(x_{i-1,j_0}, x_{i-1,j_1}, x_{i-1,j_2}, x_{i-1,j_3})$, 输出差分为 $(y_{i,j_0}, y_{i,j_1}, y_{i,j_2}, y_{i,j_3})$. 若输入差分的任意比特有差分, 那么记为活跃 S 盒, 有

$$\begin{cases} a_{i,j} - x_{i,j_k} \geqslant 0, \quad k = 0, 1, 2, 3, \\ \displaystyle\sum_{k=0}^{3} x_{i,j_k} - a_{i,j} \geqslant 0, \end{cases}$$

那么对于首轮中第 0 个 S 盒的活跃状态, 可以用不等式

$$x_0[63] + x_0[62] + x_0[61] + x_0[60] - a_{0,0} \geqslant 0,$$

$$x_0[63] - a_{0,0} \leqslant 0,$$

$$x_0[62] - a_{0,0} \leqslant 0,$$

$$x_0[61] - a_{0,0} \leqslant 0,$$

$$x_0[60] - a_{0,0} \leqslant 0$$

来刻画. 第一轮中其他 15 个 S 盒的活跃状态描述类似, 这里不再赘述.

对于置换操作, 只需要列出相应位的等式即可:

$$y_{r-1}[63] = x_r[63],$$

$$y_{r-1}[62] = x_r[47],$$

$$y_{r-1}[61] = x_r[31],$$

$$\cdots\cdots$$

$$y_{r-1}[1] = x_r[16],$$

$$y_{r-1}[0] = x_r[0].$$

同时为了提高搜索效率, 限制每轮活跃 S 盒个数不超过 2, 即

$$a_{i,0} + a_{i,1} + \cdots + a_{i,14} + a_{i,15} \leqslant 2, \quad i = 0, 1, \cdots, r-1,$$

最后为了避免整体输入差分和输出差分为 0, 需要限制首轮的输入差分不全为 0, 即

$$x_0[63] + x_0[62] + \cdots + x_0[1] + x_0[0] \geqslant 1,$$

至此用线性不等式或等式刻画了 PRESENT 算法中的每一步操作, 这些不等式和等式组成了刻画 PRESENT 算法差分性质的 MILP 模型中的约束条件. 并且经过上面的讨论可知, 对于 PRESENT 算法第一轮的模型描述一共需要 $16 \times (4 + 26) + 64 + 1 + 1 = 546$ 个不等式或等式, 对于其他轮 MILP 模型的描述则一共需要 $16 \times (4 + 26) + 64 + 1 = 545$ 个不等式或等式. 最后设置目标函数为 $\min \left\{ \sum (3 \times p_0 + 2 \times p_1) \right\}$.

对于单轮差分区分器搜索的 MILP 模型已经讨论完毕, 那么接下来就是将单轮的 MILP 模型拓展至多轮, 而对于多轮只是简单地在单轮的基础上进行拓展, 这里不再赘述.

利用构建的 MILP 模型, 在 MILP 求解工具 Gurobi 的帮助下对 PRESENT 算法的差分区分器进行搜索, 表 8.5 给出了 PRESENT 算法 3 条 4 轮差分区分器的搜索结果.

表 8.5　PRESENT 算法 3 条 4 轮差分区分器

轮数	差分特征 1	概率	差分特征 2	概率	差分特征 3	概率
输入	9900 0000 0000 0000	1	dd00 0000 0000 0000	1	0000 0077 0000 0000	1
第 1 轮	0000 c000 0000 0000	2^{-4}	0000 0000 c000 0000	2^{-4}	0000 0000 0000 0300	2^{-4}
第 2 轮	0000 0000 0800 0000	2^{-7}	0000 0000 0080 0000	2^{-7}	0000 0004 0000 0000	2^{-7}
第 3 轮	0000 0000 0040 0040	2^{-10}	0000 0000 0020 0020	2^{-10}	0000 0100 0000 0100	2^{-9}
第 4 轮	0000 0022 0000 0022	2^{-14}	0000 0022 0000 0022	2^{-14}	0404 0404 0404 0404	2^{-13}

8.3　基于 MILP 的 PRESENT 算法线性分析

8.3.1　PRESENT 算法组件线性性质描述

PRESENT 算法的轮函数包括置换操作和 S 盒操作两部分. 对置换操作的刻画可以很容易地根据相应的位给出等式约束, 因此不再进行详细的叙述.

S 盒线性逼近的数学描述　S 盒基于 MILP 的线性逼近模型与差分特征模型具有对偶性质. 对于一个 $w{\times}v$ 规模的 S 盒, 假设 $(x_0, x_1, \cdots, x_{w-1})$ 和 $(y_0, y_1, \cdots, y_{v-1})$ 分别是它的输入掩码和输出掩码. 同样用 0-1 变量 A_t 来表示该 S 盒是否活跃, 此时 $A_t = 1$ 当且仅当输出掩码 $y_0, y_1, \cdots, y_{v-1}$ 不全为 0, 有

$$\begin{cases} A_t - y_i \geqslant 0, & i = 0, 1, \cdots, v-1, \\ y_0 + y_1 + \cdots + y_{v-1} - A_t \geqslant 0. \end{cases}$$

对于 S 盒的线性传播特性而言, 首先计算 S 盒的线性逼近表, 如表 8.6 所示. 观察表中数据的绝对值共有 1 个 8、36 个 4 和 96 个 2, 其余全为 0. 令线性模式 $(x, y) = (x_0, x_1, \cdots, x_{w-1}, y_0, y_1, \cdots, y_{v-1})$ 来表示 S 盒所有偏差非零的线性对.

表 8.6　PRESENT 算法的线性逼近表

输入掩码	输出掩码															
	0	1	2	3	4	5	6	7	8	9	A	B	C	D	E	F
0	8	0	0	0	0	0	0	0	0	0	0	0	0	0	0	0
1	0	0	0	0	0	−4	0	−4	0	0	0	0	0	−4	0	4
2	0	0	2	2	−2	−2	0	0	2	−2	0	4	0	4	−2	2
3	0	0	2	2	2	−2	−4	0	−2	2	−4	0	0	0	−2	−2
4	0	0	−2	2	−2	−2	0	0	−2	−2	0	−4	0	0	−2	2
5	0	0	−2	−2	2	2	0	0	2	−2	−4	0	4	0	2	2
6	0	0	0	−4	0	0	−4	0	0	−4	0	0	4	0	0	0
7	0	0	0	4	4	0	0	0	0	−4	0	0	0	0	4	0
8	0	0	2	−2	0	0	−2	0	−2	0	−2	0	0	−2	4	4
9	0	4	−2	−2	0	0	2	−2	−2	−2	−4	0	−2	2	0	0
A	0	0	4	0	2	2	2	0	−2	0	0	0	−4	2	−2	2
B	0	−4	0	0	−2	−2	2	−2	−4	0	0	0	2	2	2	−2
C	0	0	0	0	−2	−2	−2	−2	4	0	0	−4	2	2	2	2
D	0	4	4	0	−2	−2	2	2	0	0	0	0	2	−2	2	−2
E	0	0	2	2	−4	4	−2	−2	−2	−2	0	0	−2	−2	0	0
F	0	4	−2	2	0	0	−2	−2	2	2	0	0	2	2	0	0

为寻找大偏差的比特级线性路径, 需要把线性逼近表中的概率信息加入到 MILP 模型中. S 盒线性逼近表中的非零数值的绝对值为 2, 4 和 8, 因此在线性模式 $(x,y)=(x_0,x_1,\cdots,x_{w-1},y_0,y_1,\cdots,y_{v-1})$ 的基础上另外添加了两个分量 $(\varepsilon_0,\varepsilon_1)$ 来刻画 S 盒的线性性质, 对应关系如下:

$$
\begin{cases}
(\varepsilon_0,\varepsilon_1)=(1,0), & \text{若 } |\mathrm{Cor}\{(x_0,x_1,x_2,x_3)\to(y_0,y_1,y_2,y_3)\}| = 2\times(2/16) = 2^{-2}, \\
(\varepsilon_0,\varepsilon_1)=(0,1), & \text{若 } |\mathrm{Cor}\{(x_0,x_1,x_2,x_3)\to(y_0,y_1,y_2,y_3)\}| = 2\times(4/16) = 2^{-1}, \\
(\varepsilon_0,\varepsilon_1)=(0,0), & \text{若 } |\mathrm{Cor}\{(x_0,x_1,x_2,x_3)\to(y_0,y_1,y_2,y_3)\}| = 2\times(8/16) = 2^{0}.
\end{cases}
$$

由堆积引理, 可转换为求指数之和的最小值, 即 MILP 模型中目标函数设置为 $\min\{\sum(2\times\varepsilon_0+1\times\varepsilon_1)\}$. 对所有的偏差非零的线性对, 线性传播的可能由离散点 $(x_0,x_1,x_2,x_3,y_0,y_1,y_2,y_3,\varepsilon_0,\varepsilon_1)$ 进行刻画, 即可以用 F_2^{10} 上的一个离散点集来刻画 S 盒差分分布表.

首先利用 SageMath 生成 PRESENT 算法 S 盒的凸包不等式. 但 SageMath 生成的不等式组数量较大. 因此, 为寻找更优的不等式组, 对不等式组使用贪心算法降低不等式组的规模. 成功将不等式组的规模由 987 个降至 27 个 (表 8.7), 将这 27 个不等式应用于 PRESENT 算法 MILP 模型对 S 盒线性传播的刻画.

表 8.7　PRESENT 算法 S 盒线性特性的不等式描述

$(-2\ -2\ -4\ -7\ -3\ 4\ -5\ -10\ 33\ 21\ 0)$	$(0\ -1\ 1\ -1\ 0\ 0\ 1\ 0\ 1\ 2\ 0)$
$(0\ 0\ 0\ 0\ 0\ 0\ 0\ 0\ -1\ -1\ 1)$	$(0\ 0\ 0\ 1\ 0\ 1\ -1\ -1\ 1\ 2\ 0)$
$(3\ 4\ 4\ 4\ 3\ 1\ 3\ 1\ -5\ -9\ 0)$	$(0\ 0\ 0\ 1\ 0\ -1\ -1\ 1\ 1\ 2\ 0)$
$(-3\ -2\ 1\ -7\ 0\ -3\ -4\ 2\ 19\ 12\ 0)$	$(0\ 1\ -1\ -1\ 0\ 0\ 1\ 0\ 1\ 2\ 0)$
$(0\ -1\ -1\ 1\ 0\ 0\ 0\ 0\ 1\ 2\ 0)$	$(2\ -1\ -1\ 0\ 0\ -2\ -1\ -2\ 6\ 5\ 0)$
$(0\ 0\ 0\ 0\ 0\ -1\ 1\ -1\ 1\ 2\ 0)$	$(0\ -1\ -1\ 0\ 0\ 1\ 0\ 1\ 1\ 2\ 0)$
$(0\ 1\ 1\ 5\ 2\ 3\ 5\ 3\ -4\ -7\ 0)$	$(1\ -3\ -2\ 2\ 5\ 2\ 5\ 1\ 2\ -1\ 0)$
$(6\ 2\ 2\ 1\ -1\ 3\ 2\ 3\ -3\ -6\ 0)$	$(0\ 1\ 1\ 0\ 0\ -1\ 0\ -1\ 1\ 2\ 0)$
$(0\ 1\ 1\ 1\ 0\ 0\ 0\ 0\ -1\ 0\ 0)$	$(-2\ 1\ -2\ 0\ -1\ -1\ -1\ 0\ 7\ 5\ 0)$
$(-1\ -3\ -1\ 2\ -3\ -1\ -4\ 1\ 11\ 9\ 0)$	$(0\ 1\ 1\ -2\ 0\ 1\ -2\ 1\ 3\ 2\ 0)$
$(0\ 0\ 0\ 0\ 0\ 1\ 1\ 1\ -1\ 0\ 0)$	$(0\ -2\ -2\ -1\ -2\ -1\ 0\ -1\ 8\ 7\ 0)$
$(4\ 1\ -3\ -1\ 5\ -5\ 2\ -1\ 8\ 5\ 0)$	$(-4\ -5\ 2\ -1\ -3\ -1\ -2\ -3\ 19\ 13\ 0)$
$(-6\ 2\ -1\ -1\ -5\ -3\ 4\ -3\ 15\ 13\ 0)$	$(0\ -1\ -1\ 0\ 0\ -1\ 0\ -1\ 3\ 4\ 0)$
	$(0\ 2\ 2\ 0\ -2\ -1\ 2\ -1\ 3\ 2\ 0)$

8.3.2　减轮 PRESENT 算法 MILP 线性分析模型

下面针对 PRESENT 算法进行线性区分器的自动化搜索, 构建算法的多轮 MILP 模型, 先从简单情况入手, 即先构造单轮 PRESENT 算法线性区分器搜索的 MILP 模型, 假设构造第 r 轮线性掩码传递模型, 用 x_{r-1} 和 x_r 代表第 r 轮输入掩码和输出掩码, y_{r-1} 表示第 r 轮 S 盒的输出掩码, 其中

$$x_{r-1} = (x_{r-1}[63], x_{r-1}[62], \cdots, x_{r-1}[1], x_{r-1}[0]),$$

$$y_{r-1} = (y_{r-1}[63], y_{r-1}[62], \cdots, y_{r=1}[1], y_{r-1}[0]),$$

$$x_r = (x_r[63], x_r[62], \cdots, x_r[1], x_r[0]),$$

比如第 1 轮的输入掩码和输出掩码分别为

$$x_0 = (x_0[63], x_0[62], \cdots, x_0[1], x_0[0]),$$

$$x_1 = (x_1[63], x_1[62], \cdots, x_1[1], x_1[0]),$$

实际上 x_1 同时也是第 2 轮的输入掩码.

对于 S 盒操作, 记 $a_{i,j}$ 为第 i 轮第 j 个 S 盒的状态, $j = 0, 1, \cdots, 15$. 设 S 盒的输入掩码为 $(x_{i,j_0}, x_{i,j_1}, x_{i,j_2}, x_{i,j_3})$, 输出掩码为 $(y_{i,j_0}, y_{i,j_1}, y_{i,j_2}, y_{i,j_3})$. 若输出掩码的任意比特有非零值, 则记为活跃 S 盒, 有

$$\begin{cases} a_{i,j} - y_{i,j_k} \geqslant 0, & k = 0, 1, 2, 3, \\ \sum_{k=0}^{3} y_{i,j_k} - a_{i,j} \geqslant 0, \end{cases}$$

那么对于首轮中第 0 个 S 盒的活跃状态, 可以用不等式

$$y_0[63] + y_0[62] + y_0[61] + y_0[60] - a_{0,0} \geqslant 0,$$
$$y_0[63] - a_{0,0} \leqslant 0,$$
$$y_0[62] - a_{0,0} \leqslant 0,$$
$$y_0[61] - a_{0,0} \leqslant 0,$$
$$y_0[60] - a_{0,0} \leqslant 0$$

来刻画. 第一轮中其他 15 个 S 盒的活跃状态描述类似, 这里不再赘述.

对于置换操作, 只需要列出相应位的等式即可,

$$y_{r-1}[63] = x_r[63],$$
$$y_{r-1}[62] = x_r[47],$$
$$y_{r-1}[61] = x_r[31],$$
$$\cdots\cdots$$
$$y_{r-1}[1] = x_r[16],$$
$$y_{r-1}[0] = x_r[0],$$

同时为了提高搜索效率, 需限制每轮活跃 S 盒个数不超过 2, 即

$$a_{i,0} + a_{i,1} + \cdots + a_{i,14} + a_{i,15} \leqslant 2, \quad i = 0, 1, \cdots, r - 1,$$

最后为了避免整体输入掩码和输出掩码为 0, 需要限制首轮的输入掩码不全为 0, 即

$$x_0[63] + x_0[62] + \cdots + x_0[1] + x_0[0] \geqslant 1,$$

至此用线性不等式或等式刻画了 PRESENT 算法中的每一步操作, 这些不等式和等式组成了 PRESENT 算法线性逼近的 MILP 模型中的约束条件. 并且经过上面的讨论可知对于 PRESENT 算法第 1 轮的模型描述一共需要 $16 \times (4 + 27) + 64 + 1 + 1 = 562$ 个不等式或等式, 对于其他轮 MILP 模型的描述则一共需要 $16 \times (4 + 27) + 64 + 1 = 561$ 个不等式或等式. 最后设置目标函数为 $\min \{\sum (2 \times \varepsilon_0 + 1 \times \varepsilon_1)\}$.

对于单轮线性区分器搜索的 MILP 模型已经讨论完毕, 那么接下来就是将单轮的 MILP 模型拓展至多轮, 而对于多轮只是简单地在单轮的基础上进行拓展, 这里不再赘述.

利用建立好的 MILP 模型, 在 MILP 求解工具 Gurobi 的帮助下对 PRESENT 算法的线性区分器进行搜索, 表 8.8 给出了 PRESENT 算法 3 条 6 轮线性区分器的搜索结果.

表 8.8　PRESENT 算法 3 条 6 轮线性区分器

轮数	线性特征 1	相关性	线性特征 2	相关性	线性特征 3	相关性
输入	0000 0000 0700 0000	1	0000 0700 0000 0000	1	0000 0000 0070 0000	1
第 1 轮	0000 0040 0000 0000	2^{-1}	0000 0400 0000 0000	2^{-1}	0000 0020 0000 0000	2^{-1}
第 2 轮	0000 0200 0000 0000	2^{-3}	0000 0400 0000 0000	2^{-3}	0000 0200 0000 0000	2^{-3}
第 3 轮	0000 0400 0000 0000	2^{-5}	0000 0400 0000 0000	2^{-5}	0000 0400 0000 0000	2^{-5}
第 4 轮	0000 0400 0000 0000	2^{-7}	0000 0400 0000 0000	2^{-7}	0000 0400 0000 0000	2^{-7}
第 5 轮	0000 0400 0000 0000	2^{-9}	0000 0400 0000 0000	2^{-9}	0000 0400 0000 0000	2^{-9}
输出	0000 0400 0400 0400	2^{-10}	0000 0400 0400 0400	2^{-10}	0000 0400 0400 0400	2^{-10}

第 9 章

分组密码其他分析方法

密码分析的结果可以作为密码设计的依据和要求, 设计新的密码算法可以促进衍生分析方法的发展. 随着分组密码技术的发展, 除了差分分析和线性分析, 还产生了较多分组密码分析方法, 这些方法都在很多标准分组密码中取得了有效的分析结果. 本章主要介绍分组密码的一些其他的重要分析方法, 包括不可能差分分析、零相关线性分析、积分分析等. 不可能差分分析和零相关线性分析是差分分析和线性分析的变型. 积分分析是继差分密码分析和线性密码分析后, 密码学界公认的最有效的密码分析方法之一. 这些方法在分组密码的安全性分析中有着广泛应用.

9.1 分组密码的不可能差分分析

不可能差分分析是差分分析的一种变型, 与差分分析不同, 不可能差分分析利用概率为零的差分路径排除错误密钥. 不可能差分分析由 Biham 等 [28] 和 Knudsen[29] 分别提出. Biham 等在 1999 年欧密会上, 构造了 24 轮 Skipjack 算法的不可能差分路径, 首次给出了 31 轮的分析结果. Knudsen 则在分析 DEAL 算法时, 发现了 Feistel 结构的轮函数如果是双射, 则算法天然存在 5 轮的不可能差分路径, 因而低于 6 轮的 Feistel 不能抵抗不可能差分分析. 自从不可能差分分析被提出后, 不可能差分分析就成功应用于分析大量分组密码算法以及多种分组密码设计结构, 例如 AES、Camellia 算法、MISTY1 等, 已经成为一类重要的分组密码分析方法, 在分组密码安全性分析中起到了重要作用.

9.1.1 不可能差分分析的基本原理

不可能差分分析的关键是构造不可能差分路径. 对于一个迭代分组密码算法, 设 α_0 为明文对 X 和 X^* 的差分 ΔX, α_r 为相应的第 r 轮输出 C 和 C^* 的差分 ΔC, 若 $P(\Delta C = \alpha_r | \Delta X = \alpha_0) = 0$, 则称 $\alpha_0 \nrightarrow \alpha_r$ 为一条 r 轮**不可能差分**.

对一个具体密码算法而言, 直接确定某条给定的差分是否为不可能差分通常并不容易. 最基本的构造方法是利用中间相错法, 给定输入差分和输出差分, 让差分保持非零的概率从加密和解密方向两端同时传播, 并在中间相遇, 如果在中间位置产生矛盾, 则该条差分路径的概率为零. 具体来说, 如果从加密方向看差分 $\alpha \to \gamma_1$ 以概率 1 成立, 而从解密方向看差分 $\gamma_2 \leftarrow \beta$ 也以概率 1 成立, 并且 $\gamma_1 \neq \gamma_2$ 则 $\alpha_0 \nrightarrow \alpha_r$ 就是一条不可能差分.

$$\alpha \xrightarrow{1} \gamma_1 \nleftrightarrow \gamma_2 \xleftarrow{1} \beta.$$

为更有效地构造不可能差分, Kim 等[46] 基于中间相错原理, 提出了 U-方法, 搜索不同结构算法的不可能差分路径. U-方法定义特征向量和特征矩阵刻画算法内部状态的差分传递, 利用计算机搜索固定结构算法的不可能差分区分器, 这些不可能差分的形式只与算法的结构有关, 与算法具体的非线性运算无关. 随后, Luo 等[47] 改进了 U-方法, 提出了更具普适性的 UID-方法. UID-方法考虑更多在中间位置产生矛盾比特和字节的形式, 可以给出轮数更长的不可能差分路径. Wu 等[48] 总结已有的不可能差分的结果, 提出了线性化方法, 利用差分扩散方程刻画轮函数差分特征的传递, 将密码结构整体线性化, 搜索更多结构密码算法的不可能差分路径. 在 2017 年欧密会议上, Sasaki 和 Todo[49] 同样基于 MILP 提出了针对带 S 盒的算法不可能差分区分器的搜索工具, 并从设计和分析的角度给出了更多的应用结果.

构造出算法 $r-1$ 轮不可能差分路径 $\alpha_0 \nrightarrow \alpha_{r-1}$ 后, r 轮密钥恢复的具体流程如下:

算法 9.1.1 r 轮迭代分组密码的不可能差分分析

(1) 选择满足差分为 α_0 的明文对 $(P, P \oplus \alpha_0)$, 进行 r 轮加密后得到密文对记为 C 和 C^*.

(2) 猜测第 r 轮轮子密钥 K_r(或其部分比特) 的所有可能值, 对每一个猜测的密钥分别对 C 和 C^* 解密一轮, 记得到的中间值为 D 和 D^*, 并判断 $D \oplus D^* = \alpha_{r-1}$ 是否成立. 若成立, 则对应的猜测值一定是错误密钥.

(3) 选择新的明文对, 重复上述步骤, 直到密钥唯一确定为止.

假设通过上述攻击可以得到 $|K|$ 比特密钥, 每个明密文对可以淘汰 2^{-t} 的密钥量. 为保证正确密钥被唯一确定, 所需要的明密文对 N 必须满足

$$(2^{|K|} - 1) \times (1 - 2^{-t})^N < 1.$$

当 t 比较大时, $(1 - 2^{-t})^{2^t} \approx e^{-1}$, 故由上式可得

$$N > 2^t \cdot \ln 2 \cdot |K| \approx 2^{t-0.53} |K|.$$

通过这个式子可以发现, 不可能差分密码分析的数据复杂度主要由每个明密文对所能淘汰密钥的概率 (过滤率) 决定的, 计算复杂度约为 $N \cdot 2^{|K|}$ 次 1 轮解密.

需要说明的是, 上述不可能差分分析考虑的是在不可能差分区分器后面添加一轮的情况, 实际攻击时可以在不可能差分区分器的前后各添加若干轮, 分别对明密文进行部分加解密, 再利用不可能差分区分器排除错误密钥. 对于不同结构的算法, 寻找矛盾的方法并不相同, 这就要求我们对不同的算法结构进行认真细致的研究. 下面以 Feistel 结构和 AES 算法为例介绍如何利用中间相错的方法构造不可能差分.

9.1.2 Feistel 结构的 5 轮不可能差分

Knudsen[29] 指出, 若 Feistel 结构的轮函数 F 为双射, 则该结构一定存在如图 9.1 所示的 5 轮不可能差分.

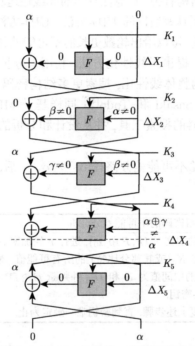

图 9.1 Feistel 结构的 5 轮不可能差分

命题 9.1 $(\alpha, 0) \nrightarrow (0, \alpha)$ 是图 9.1 所示的 Feistel 结构的 5 轮不可能差分, 其中 $\alpha \neq 0$, 最后一轮包括数据的左右交换.

证明 先分析轮函数的差分性质, 由于 F 为双射, 故当输入差分为 0 时输出差分也为 0, 当输入差分非零时输出差分也非零.

根据图 9.1, 先从加密方向研究差分的传播规律. 假设第 1 轮的输入差分为 $(\alpha, 0)$, 此时 F 函数的输入差分为 0, 则 F 函数的输出差分也为 0, 从而第 1 轮的输出差分为 $(0, \alpha)$. 第 2 轮中, 当 F 函数的输入差分 α 非零时, 必然存在非零

的输出差分 β, 从而第 2 轮的输出差分为 (α, β), 其中 $\beta \neq 0$. 第 3 轮中, 当 F 函数的输入差分 β 非零时, 必然存在非零的输出差分 γ, 从而第 3 轮的输出差分为 $(\beta, \alpha \oplus \gamma)$.

再从解密方向看差分的传播规律. 假设第 5 轮的输入差分为 $(0, \alpha)$, 则第 5 轮的输出差分为 $(\alpha, 0)$, 对于第 4 轮, 当 F 函数的输入差分 α 非零时, 必然存在非零输出差分 $\phi \neq 0$, 从而第 4 轮的输出差分形如 $(\phi, \alpha), \phi \neq 0$.

根据上面的分析, 从加密方向看, 差分值 $\Delta X_4 = \alpha \oplus \gamma$, 而从解密方向看, 差分值 $\Delta X_4 = \alpha \neq \alpha \oplus \gamma$, 故 $(\alpha, 0) \nrightarrow (0, \alpha)$ 是一条 5 轮不可能差分.

在上述 5 轮不可能差分的后面添加 1 轮可以给出对图 9.1 所示的 Feistel 密码的 6 轮不可能差分分析. 具体攻击步骤如下:

(1) 选择差分为 $(\alpha, 0)$ 的明文对 (P_L, P_R) 和 (P_L^*, P_R^*), 相应的密文记为 (C_L, C_R) 和 (C_L^*, C_R^*).

(2) 猜测第 6 轮的轮密钥 K_6, 计算

$$\Delta X_5 = C_L \oplus C_L^* \oplus F(C_R, K_6) \oplus F(C_R^*, K_6),$$

若 $\Delta X_5 = 0$, 则 K_6 一定是错误密钥, 从而必须淘汰.

(3) 重复上面三个步骤, 直到 K_6 唯一确定.

对于随机密钥 K_6 而言, 满足 $\Delta X_5 = 0$ 的概率为 $1/2$, 因此每个明密文对可以淘汰 $1/2$ 的密钥量, 从而每分析一对明密文后, 从平均意义上讲, 错误的密钥还剩下 $(1 - 2^{-1})$. 设最后一轮轮密钥为 n 比特, 该攻击需要的数据复杂度为 N 对明文, 若

$$(2^n - 1) \cdot (1 - 2^{-1})^N < 1,$$

则正确密钥能被唯一确定. 显然当 $N = n + 1$ 时上式可以成立, 此时攻击的数据复杂度为 $2(n + 1)$.

由上述攻击过程知, 在分析第 i 对明文时, 剩下的错误密钥为 $2^n \cdot (1 - 2^{-1})^{i-1} = 2^{n-i+1}$, 此时, 用剩下的所有密钥对第 i 对解密需要计算 $2 \cdot 2^{n-i+1}$ 次轮函数, 因此整个攻击需要计算

$$\sum_{i=1}^{n+1} 2 \cdot 2^{n-i+1} = 2^{n+2}$$

次轮函数, 即约 $2^{n+2}/4 = 2^n$ 次 4 轮加密. 在实施攻击的过程中, 需要存储 2^n 个候选密钥 (存储 $n + 1$ 对明密文的复杂度可以忽略不计), 空间复杂度为 2^n.

9.2 分组密码的零相关线性分析

零相关线性分析是线性分析的一种变型方法, 最早由 Bogdanov 和 Rijmen 在文献 [50] 中提出的. 零相关分析主要利用偏差为零的线性逼近关系来区分密码算法和随机函数, 进而获得部分或者全部密钥信息. 除了使用区分器和构造统计量不同, 零相关线性分析的分析过程和线性分析类似, 都是收集一定数量的明密文对, 经过密钥猜测加解密至区分器的边缘, 然后计算统计量, 并且利用统计量进行密钥筛选. 最初的零相关线性分析的数据复杂度较高, 限制了其进一步的发展和应用. 但 2012 年的 FSE 会议[30] 和亚密会[51] 先后提出了对零相关线性分析的数据复杂度的改进方法, 使得零相关线性分析能够更好实现和应用.

9.2.1 零相关线性分析的基本原理

下面讨论有密钥参与运算的迭代分组密码的线性性质, 如图 9.2 所示, 若分组密码表示为 B_k, 设主密钥为 K, 密钥扩展算法为

$$E(K) = (K_1, K_2, \cdots, K_r),$$

则对于线性特征 $U = (u_0, u_1, \cdots, u_{r-1}, u_r)$, 该线性特征的相关系数

$$\mathrm{Cor}_{B_k}(U) = (-1)^{U \cdot E(K)} \prod_{i-1}^{r} \mathrm{Cor}_{F_i}(u_{i-1}, u_i).$$

对于线性壳 (α, β), 在文献 [52] 中, Daemen 给出了线性壳的相关系数为

$$\mathrm{Cor}_{B_k}(\alpha, \beta) = \sum_{U: u_0 = \alpha, u_r = \beta} \left((-1)^{U \cdot E(K)} \prod_{i-1}^{r} \mathrm{Cor}_{F_i}(u_{i-1}, u_i) \right).$$

零相关线性分析的第一步是构造关于密码算法的零相关线性逼近关系. 线性壳的相关系数等于包含在线性壳内的所有线性特征的线性系数总和. 然而, 每个线性特征的相关系数是每个参与迭代函数相关系数的乘积, 这样, 若每个线性特征有一个函数的相关系数为零, 则整个线性壳的相关系数必然为零. 通过让线性掩码在非零偏差下从两头向中间传播, 并且在中间相遇, 若在任何一个位置产生矛盾, 则线性壳的相关系数为零, 称该方法为中间相错方法. 由于在密码组件中, 线性掩码在非零偏差下的传播规律和差分在非零差分概率下的传播规律对偶, 从而构造零相关线性逼近关系和构造不可能差分类似, 所以一般可以认为零相关线性分析是不可能差分分析方法在线性分析领域的对偶方法.

构造出密码算法的一条零相关线性逼近关系之后, 可以进行密钥恢复分析. Bogdanov 等提出基本零相关线性分析, 主要思想是猜测相关密钥, 将所有明密

文对加解密至线性区分器边界, 从而计算线性逼近的相关系数, 若相关系数为零, 则认为该猜测密钥是候选密钥, 否则予以排除. 对于正确密钥, 所求得的相关系数一定为零. 若是错误密钥, 则认为该密码算法是一个随机置换, 予以排除. 对于分组长度为 n 的随机置换下, 非平凡的线性逼近的相关系数为 0 的概率大体为

$$Pr = \frac{1}{\sqrt{2\pi}} 2^{\frac{(4-n)}{2}}, \quad 当 n \geqslant 5 时,$$

从上式可知, 若 n 非常大, 错误密钥被当作正确密钥的概率是很小的. 因而可以利用一定数量的明密文来验证得到唯一正确的密钥, 这是零相关线性分析有效的原因.

零相关线性分析的基本过程如图 9.2 所示. 若对于 r 轮的密码算法 E_r 假设得到一条从第 1 轮到第 $r-1$ 轮的 $r-1$ 轮零相关线性逼近关系, 则该密码算法的零相关线性分析总结为算法 9.2.1.

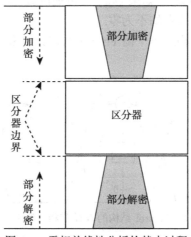

图 9.2　零相关线性分析的基本过程

算法 9.2.1　r 轮迭代密码的零相关线性分析

(1) 数据收集阶段. 收集所有的明文 P, 并且得到相应的密文 C.

(2) 数据处理阶段. 对于第 r 轮中, 部分解密所涉及的 t 比特密钥 K, 建立计数器 $N[K]$, 计数器初始化清零. 然后进行下面的步骤.

(a) 对于所有明密文对 (P,C), 猜测密钥 K, 经过最后一轮的解密运算之后到达线性逼近关系的边缘;

(b) 若线性逼近关系成立, 相应的计数器 $N[K]$ 加 1, 否则计数器减 1. 回到步骤 (1), 直到猜测完所有的 2^t 个密钥 K.

(3) 密钥筛选阶段.

(a) 若 $N[K]$ 为 0, 则将 K 作为候选密钥保留, 否则予以排除;

(b) 利用穷举法筛选候选密钥和其他未猜测到的密钥信息.

基本零相关线性分析仅利用一条零相关线性逼近筛选正确密钥, 需要整个明文空间, 数据复杂度很高, 限制了零相关线性分析的应用. 随后在基本零相关线性分析的基础上, 提出了多重零相关分析和多维零相关分析, 降低了基本分析所需的数据复杂度, 拓宽了零相关线性分析的使用范围, 具体可参考文献 [53] 和 [54].

9.2.2 Feistel 结构的 5 轮零相关线性分析

为了给出 Feistel 结构的零相关线性区分器, 首先给出不同类型线性逼近的相关系数在分组密码常见组件中传播的性质.

引理 9.1(异或运算) 如果 $h(x_1, x_2) = x_1 \oplus x_2$, 那么 $\mathrm{Cor}(\beta \circ h(x_1, x_2), \alpha_1 \circ x_1 \oplus \alpha_2 \circ x_2) \neq 0$ 当且仅当 $\beta = \alpha_1 = \alpha_2$.

引理 9.2(分支操作) 如果 $h(x) = (x, x)$, 那么 $\mathrm{Cor}((\beta_1, \beta_2) \circ h(x), \alpha \circ x) \neq 0$ 当且仅当 $\alpha = \beta_1 \oplus \beta_2$.

引理 9.3(可逆 F 函数) 如果 $\phi(x)$ 为可逆函数, 则 $\mathrm{Cor}(\beta \circ \phi(x), \alpha \circ x) \neq 0$ 当且仅当 α 和 β 均为零或者均不为零.

利用以上引理, 可以构造出平衡 Feistel 结构分组密码算法的 5 轮的零相关线性逼近, 如图 9.3 所示.

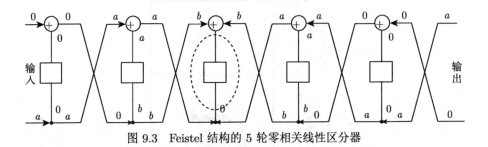

图 9.3 Feistel 结构的 5 轮零相关线性区分器

定理 9.1 [55] (平衡 Feistel 结构分组密码算法的零相关线性逼近) 记 B_F^5 为 5 轮的平衡 Feistel 结构的分组密码算法, 分组长度为 n 比特, 那么对于任意 $a \in F_2^{n/2}, a \neq 0$, 都有 B_F^5 上的线性逼近 $(a||0, 0||a)$ 的相关系数为零.

证明 先分析轮函数的线性性质, 由于 F 为双射, 故当输入掩码为 0 时输出掩码也为 0, 当输入掩码非零时输出掩码也非零.

根据图 9.3, 先从加密方向研究线性掩码的传播规律. 假设第 1 轮的输入掩码为 $(\alpha, 0)$, 此时 F 函数的输入掩码为 0, 则 F 函数的输出掩码也为 0, 从而第 1 轮的输出掩码为 $(0, \alpha)$. 第 2 轮中, 当 F 函数的输入掩码 α 非零时, 必然存在非零的输出掩码 β, 从而第 2 轮的输出掩码为 (α, β), 其中 $\beta \neq 0$. 第 3 轮中, F 函数的输入掩码 β 非零.

再从解密方向看掩码的传播规律. 假设第 5 轮的输入掩码为 $(0, \alpha)$, 则第 5 轮的输出掩码为 $(\alpha, 0)$, 对于第 4 轮, 当 F 函数的输入掩码 α 非零时, 必然存在非零的输出掩码 $\phi \neq 0$, 从而第 4 轮的输出掩码形如 $(\phi, \alpha), \phi \neq 0$. 在第 3 轮中由异或运算的线性掩码传播性质知 $\phi = \beta$, 并且 F 函数的输出掩码为零, 但输入掩码非零, 因此由引理 9.3 第 3 轮线性相关系数为零. 故 $(\alpha, 0) \to (0, \alpha)$ 是一条 5 轮零相关线性区分器.

在上述 5 轮零相关线性区分器的后面添加 1 轮可以给出对图 9.3 所示的 Feistel 密码的 6 轮零相关线性分析. 具体攻击步骤如下:

(1) 获取一定数量的明密文对, 明密文对数量记为 N;

(2) 为轮密钥 K_6 的每种可能设置计数器 $V[K_6]$ 并初始化为 0;

(3) 猜测第 6 轮的轮密钥 K_6, 反解一轮, 对每一明密文对, 计算 $(\alpha \| 0) * X \oplus (0 \| \alpha) * Y$ 若 $(\alpha \| 0) * X \oplus (0 \| \alpha) * Y = 0$, 相应的计数器加 1;

(4) 选取 $\left| V[K_6] - \dfrac{N}{2} \right|$ 为零的计数器对应的轮密钥猜测作为正确密钥的候选密钥.

9.3 分组密码的积分分析

积分分析是一种有效的选择明文攻击. 1997 年, Daemen 等[31] 针对 SQUARE 算法提出 Square 攻击. 2001 年, Lucks[32] 提出 Saturation 攻击, 用于分析 Twofish 算法. 同年, Biryukov 等[33] 针对 SPN 结构的安全性分析提出了 Multiset 攻击. 在总结前人工作的基础上, Knudsen 等[34] 在 2002 年 FSE 会议上进一步提出了积分分析的思想. 早期的积分分析主要针对基于字节运算设计的密码算法, 比如 AES、Camellia、Crypton 和 FOX 等, 利用积分特性的传播和算法轮函数的代数性质, 特别是代数次数的估计, 可以构建积分区分器. 在 2008 年 FSE 会议上, 针对基于比特运算设计的密码算法, 比如 Noekeon、Serpent 和 PRESENT 等, Z'aba 等[56] 首次提出了基于比特的积分区分器. 利用计数方法, 寻找特定的输入明文集合, 满足加密若干轮后元素出现的次数是偶数, 从而可以构造积分区分器. 2015 年欧密会上, Todo[57] 提出了分离特性 (division property), 更加精确地刻画了积分性质的传播, 推广了传统的积分分析.

9.3.1 积分攻击的基本原理

积分分析的原理是加密特定形式的选择明文集合, 一般明文的某些比特固定, 其他比特遍历, 通过分析密文某些比特 "和" 的不随机性来区分密码算法与随机置换, 进一步恢复部分密钥比特.

对于有限域 F_{2^n} 上的元素 x, 它在一组基下与 F_2^n 上的某个 n 元向量$(x_{n-1}, \cdots, x_0)$ 一一对应. 为处理方便, 以下有限域 F_{2^n} 上的元素与 F_2^n 上的 n 元向量 $(x_{n-1}, \cdots, x_0)$ 不加区分, 统一用二进制数 $(x_{n-1}, \cdots, x_0)$ 或其对应的整数表示.

性质 9.1 设 $X_i(0 \leqslant i \leqslant t)$ 均为 F_{2^n} 上均匀分布的随机变量, 则 $\sum\limits_{i=0}^{t} X_i = 0$ 的概率为 $\dfrac{1}{2^n}$.

如果对某些特殊形式明文对应的密文 C_i, 有 $\sum C_i = 0$, 那就可以将这个算法与随机置换区分开来, 这样的性质称为平衡性. 这个能将密码算法与随机置换区分开来的区分器称为积分区分器. 积分区分器可以利用算法的结构特点进行经验分析, 这时需要用到下面给出的活跃集、平衡集和稳定集的概念.

定义 9.1 设 $S = \{a_i | 0 \leqslant i \leqslant 2^n - 1\}$ 是定义在 F_{2^n} 上的集合.

(1) 如果对任意 $i \neq j$, 均有 $a_i \neq a_j$, 则称 S 为 F_{2^n} 上的活跃集, 通常记为 A.

(2) 如果 $\sum\limits_{i=0}^{2^n-1} a_i = 0$, 则称 S 为 F_{2^n} 上的平衡集, 通常记为 B.

(3) 如果对任意 i, 均有 $a_i = a_0$, 则称 S 为 F_{2^n} 上的稳定集 (常数集), 通常记为 C.

为有效寻找积分区分器, 需要刻画各种集合间的运算性质. 由定义容易验证下面的结论成立.

性质 9.2 不同性质子集间的运算满足如下性质:

(1) 活跃/稳定子集通过双射 (如可逆 S 盒、线性变换、密钥加等) 后, 仍然是活跃/稳定的.

(2) 平衡子集通过非线性双射, 通常无法确定其性质.

(3) 活跃子集与活跃子集的和不一定是活跃子集, 但一定是平衡子集.

(4) 活跃子集与稳定子集的和仍然为活跃子集.

(5) 两个平衡子集的和为平衡子集.

上述性质中, 寻找更多轮积分区分器的关键是确定平衡集通过 S 盒后的性质, 这就要用到轮函数的代数性质或者近年来提出的分离特性理论. 也可以直接利用概率法实验搜索分组密码的积分区分器, 具体见算法 9.3.1.

算法 9.3.1 分组长度为 n 的分组密码积分区分器的搜索

(1) 将输入的 t 比特固定为常数, 而剩余的 $n - t$ 位为活跃位, 生成一组 2^{n-t} 个明文 P_i 的集合;

(2) 随机选择主密钥 K, 加密 2^{n-t} 个明文 r 轮获得密文 C_i. 选择密文 $C_i[j]$ 的某些比特位, 计算这些比特位的异或和, 如果异或和等于 0, 则将其作为候选区分器;

(3) 随机选择 2^m 个主密钥重复步骤 (2), 若其中一次无效, 则舍弃该候选区分器, 否则输出 r 轮积分区分器. 该积分区分器成立的概率至少为 $1 - 2^m$.

构造出分组密码的积分区分器后, 注意到前面添加轮数会增加选择明文量, 一般在后面添加几轮进行密钥的恢复. 对 r 轮分组算法实施积分攻击的一般流程如下:

算法 9.3.2 r 轮分组算法的积分攻击

---

(1) 寻找算法的一个 $r-1$ 轮积分区分器;

(2) 根据区分器, 选择相应的明文集合, 满足特定的明文输入, 并对其进行加密得到密文;

(3) 猜测第 r 轮密钥, 部分解密后验证所得中间值的和是否为 0, 若不是, 则淘汰该密钥;

(4) 重复上述步骤 2 和步骤 3, 直到密钥唯一确定.

在猜测密钥部分解密至平衡状态时, 有很多减少复杂度的技术. 部分和技术是 Ferguson 等[58] 在 FSE 2000 提出, 用以改进 Rijndael 算法分析结果. 该技术的主要原理是通过分步猜测部分密钥代替一次猜测全部密钥减少中间状态和密钥的重复计算, 进而减少计算复杂度, 部分和技术广泛应用于分组密码的积分攻击. 中间相遇技术由 Sasaki 等[59] 在 SAC 2012 上提出, 针对 Feistel 结构算法的特点, 将判断平衡状态的异或和是 0 转化为独立猜测密钥验证左右两边式子的值是否匹配, 减少密钥猜测阶段的计算复杂度. 这些技术推广了积分分析的应用范围.

9.3.2 AES 算法的 3 轮积分区分器

AES(advanced encryption standard, 高级加密标准), 是美国国家标准与技术研究所 (NIST) 用于加密数据的规范. 该算法汇聚了设计简单、密钥安装快、需要的内存空间少、在所有的平台上运行良好、支持并行处理并且可以抵抗现有已知攻击等优点. AES 算法应用广泛, 与国防安全、社会通信安全和个人隐私安全息息相关. AES 是 SPN 型分组密码, 分组长度为 128 比特, 密钥长度支持 128, 192 和 256 比特, 对应的加密轮数分别为 10, 12 和 14 轮. AES 算法的轮函数包括字节代替变换 (SubByte)、行移位变换 (ShiftRow)、列混合变换 (MixColumn) 和轮密钥加 (AddRoundKey) 四个运算. AES 密码的设计采用了宽轨迹策略, 具体加解密过程和密钥扩展算法可以参考文献 [5]. 本节给出了 AES 算法一个 3 轮积分区分器, 如图 9.4 所示. 利用活跃字节的积分性质可以证明如下结论.

命题 9.2   若 AES 算法的输入只有一个活跃字节, 其他字节都是稳定字节 (在 Square 攻击中这样的输入集称为 **Λ-集**), 则第 3 轮输出的每个字节都是平衡字节.

证明   以图 9.4 为例, 不妨设 AES 算法输入的第一个字节为活跃字节, 其他字节均为稳定字节, 根据性质 9.2, 经过密钥加后仍然保持第一个字节为活跃字节,其他字节均为稳定字节. 第一轮经过 S 盒和行移位变换后, 第一个字节仍然为活跃字节, 其他字节仍然是稳定字节, 经过列混合后, 第一列所有字节都是活跃字节, 再经过密钥加后第 1 轮输出的第一列均为活跃字节, 其他字节为稳定字节.

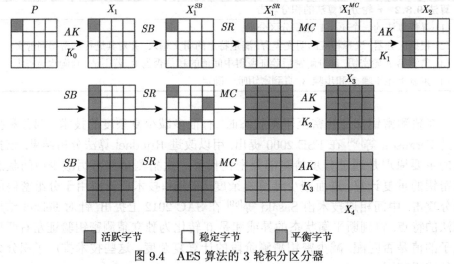

■ 活跃字节　□ 稳定字节　■ 平衡字节

图 9.4　AES 算法的 3 轮积分区分器

第 2 轮中经 S 盒变换后仍然是第一列为活跃字节, 经过行移位后将第一列的 4 个活跃字节分散到 4 个不同的列, 再经过列混合变换将各列的一个活跃字节扩展到该列的所有字节, 而密钥加不改变积分性质, 故第 2 轮输出的所有字节均为活跃字节.

第 3 轮经过 S 盒变换和行移位后所有字节仍然均为活跃字节, 根据性质 9.2 知, 活跃字节的和为平衡字节, 故经过列混合后第 3 轮的输出均为平衡字节. 当算法输入的活跃字节在其他位置时, 类似也可以证明第 3 轮输出的每个字节都是平衡字节.

此外, 直接利用轮函数间的迭代关系和代数方法也可以说明结论成立.

不妨设明文 P 经密钥加后的第一个字节 a_0 为活跃字节, 其他字节均为稳定字节. 设第 i 轮的输入为 X_i, 输出为 X_{i+1}, 其中 $i = 1,2,3$. 再记 X_{ij} 为 X_i 的第 j 个字节. 注意到 AES 算法的列混合矩阵

$$M = \begin{bmatrix} 2 & 3 & 1 & 1 \\ 1 & 2 & 3 & 1 \\ 1 & 1 & 2 & 3 \\ 3 & 1 & 1 & 2 \end{bmatrix},$$

其中 2 为有限域 F_{2^8} 上本原元 α 对应的向量 (0010) 的整数表示, 则根据算法轮函数的变换规则容易得到下面的关系式:

$$X_{i+1,0} = 2S(X_{i,0}) + 3S(X_{i,5}) + S(X_{i,10}) + S(X_{i,15}) + K_{i+1,0},$$

$$X_{i+1,5} = S(X_{i,4}) + 2S(X_{i,9}) + 3S(X_{i,14}) + S(X_{i,3}) + K_{i+1,5},$$

$$X_{i+1,10} = S(X_{i,8}) + S(X_{i,13}) + 2S(X_{i,2}) + 3S(X_{i,7}) + K_{i+1,10},$$

$$X_{i+1,15} = 3S(X_{i,12}) + S(X_{i,1}) + S(X_{i,6}) + 2S(X_{i,11}) + K_{i+1,15}.$$

不妨设 $t_0 = S(a_0)$, 并记 $m_j = X_{2,j}$, 则有

$$m_0 = X_{2,0} = 2t_0 + c_0,$$

$$m_1 = X_{2,1} = t_0 + c_1,$$

$$m_2 = X_{2,2} = t_0 + c_2,$$

$$m_3 = X_{2,3} = 3t_0 + c_3.$$

而当 $4 \leqslant j \leqslant 15$ 时 m_j 为常数, 其中 $c_i = K_{1,i}$, $i = 0, 1, 2, 3$. 于是存在与子密钥 $K_{2,j}$ 相关的常数 c_4, c_5, c_6, c_7, 使得

$$X_{3,0} = 2S(m_0) + 3S(m_5) + S(m_{10}) + S(m_{15}) + K_{2,0} = 2S(2t_0 + c_0) + c_4,$$

$$X_{3,5} = S(m_4) + 2S(m_9) + 3S(m_{14}) + S(m_3) + K_{2,5} = S(3t_0 + c_3) + c_5,$$

$$X_{3,10} = S(m_8) + S(m_{13}) + 2S(m_2) + 3S(m_7) + K_{2,10} = 2S(t_0 + c_2) + c_6,$$

$$X_{3,15} = 3S(m_{12}) + S(m_1) + S(m_6) + 2S(m_{11}) + K_{2,15} = S(t_0 + c_1) + c_7,$$

从而有

$$X_{4,0} = 2S(X_{3,0}) + 3S(X_{3,5}) + S(X_{3,10}) + S(X_{3,15}) + K_{3,0}.$$

当 a_0 遍历 F_{2^8} 中所有元素时, $t_0 = S(a_0)$ 也遍历 F_{2^8} 中所有元素, 于是 $X_{3,0}, X_{3,5}, X_{3,10}, X_{3,15}$ 也都遍历 F_{2^8} 中所有元素, 它们经过 S 盒变换后也遍历 F_{2^8} 中所有元素, 故有

$$\sum_{a_0 \in F_{2^8}} X_{4,0} = 0.$$

即 $X_{4,0}$ 为平衡字节. 类似可证 X_4 的其他字节也为平衡字节.

9.3.3　4 轮 AES 算法的积分攻击

在图 9.4 所示的 3 轮积分区分器后面添加一轮可以给出如图 9.5 所示的 4 轮 AES 算法的积分攻击.

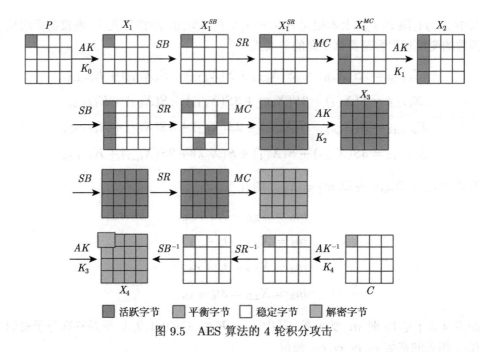

图 9.5   AES 算法的 4 轮积分攻击

攻击时需要选择形如

$$
P = \begin{bmatrix} x & c_4 & c_8 & c_{12} \\ c_1 & c_5 & c_9 & c_{13} \\ c_2 & c_6 & c_{10} & c_{14} \\ c_3 & c_7 & c_{11} & c_{15} \end{bmatrix} \tag{9.3.1}
$$

的明文, 其中 x 遍历 F_{2^8} 中的元素, c_i 均为常数. 下面以恢复第 4 轮首字节密钥 $K_{4,0}$ 为例给出具体积分攻击过程如下:

(1) 选择形如 (9.3.1) 式的一组明文, 即只有第一个字节为活跃字节, 其他字节均为固定字节. 对这组明文加密 4 轮得到密文, 记密文为 $C_0, \cdots, C_{255}$.

(2) 猜测第 4 轮的首字节密钥 $K_{4,0}$ 的值, 不妨记为 gk, 计算字节求和

$$
Sum(gk) = \sum X_{4,0} = \sum_{i=0}^{255} S^{-1}(C_{i,0} \oplus gk),
$$

其中 $C_{i,0}$ 表示密文 C_i 的第一个字节.

(3) 检验 $Sum(gk) = 0$ 是否成立, 若成立, 则相应的 gk 值作为 $K_{4,0}$ 的一个候选值, 否则淘汰.

(4) 如有必要, 重新选取形如 (9.3.1) 式的一组明文, 重复上述步骤, 直到 $K_{4,0}$ 唯一确定.

对于正确密钥 $K_{4,0}$, 解密求和一定成立 $Sum(K_{4,0}) = 0$, 而对于错误密钥, $Sum(gk) = 0$ 的概率为 2^{-8}, 因此经过一个明密文集淘汰后, 剩下的错误密钥量为 $(2^8 - 1) \cdot 2^{-8} \approx 1$. 因此, 只需要两组明文就可以唯一确定正确密钥, 剩下错误密钥数目为 $(2^8 - 1) \cdot 2^{-16} \approx 0$, 即需要 2^9 个选择明文.

对于攻击所需的时间复杂度, 第一组密文淘汰密钥时, 需要用 2^8 个猜测密钥对密文的首字节进行解密, 因此需要查 $2^8 \cdot 2^8$ 次逆 S 盒表. 由于 4 轮 AES 算法一共查表 16×4 次, 因此在忽略其他运算所耗时间的情况下, 相当于 $\dfrac{2^8 \times 2^8}{4 \times 16} = 2^{10}$ 次 4 轮加密. 再用第二组密文淘汰密钥时, 此时剩下大约两个候选密钥, 因此, 需要查 $2^8 \times 2$ 次逆 S 盒表, 在忽略其他运算所耗时间的情况下, 相当于 $\dfrac{2^8 \times 2}{4 \times 16} = 2^3$ 次 4 轮加密. 因此时间复杂度共为 $2^{10} + 2^3 \approx 2^{10}$ 次 4 轮加密运算. 此外, 在猜测每个密钥值解密密文集时, 需要 2^8 空间来存储一个明文数组, 进而存储复杂度为 2^8.

习题二

1. 设计分组密码应满足哪些基本要求?
2. 分析 Feistel 结构、SPN 结构和 Lai-Massey 结构的优缺点.
3. 分组密码差分分析的关键是什么? 在有无限计算资源的条件下, 能否针对任意算法实现有效的差分分析?
4. 定义 π_s 如下表, 试求 π_s 输入差分为 5, 输出差分概率最大为多少?

z	0	1	2	3	4	5	6	7
$\pi_s(z)$	4	3	1	5	2	6	7	0

5. 利用 DES 算法的 2 轮迭代差分特征构造 3,5,7,9 和 11 轮 DES 算法的差分特征区分器, 并给出具体的差分状态的传递.
6. 分组密码线性分析的关键是什么? 在有无限计算资源的条件下, 能否针对任意算法实现有效的线性分析?
7. 定义 π_s 如下表, 试求 π_s 的线性偏差 $\varepsilon(8,3)$ 和 $\varepsilon(F,2)$, 并说明哪个偏差对应的线性式可用于线性分析.

z	0	1	2	3	4	5	6	7
$\pi_s(z)$	E	4	D	1	2	F	B	8
z	8	9	A	B	C	D	E	F
$\pi_s z$	3	A	6	C	5	9	0	7

8. 定义 π_s 如下表, 给出 π_s 的不可能差分.

z	0	1	2	3
$\pi_s(z)$	2	3	1	0

9. 详细叙述利用不可能差分恢复算法密钥过程中减少攻击复杂度的技术.
10. 定义 π_s 如下表, 给出 π_s 的零相关线性区分器.

z	0	1	2	3	4	5	6	7
$\pi_s(z)$	E	4	D	1	2	F	B	8
z	8	9	A	B	C	D	E	F
$\pi_s(z)$	3	A	6	C	5	9	0	7

11. 利用线性逼近关系式 E, D, C 和 A, 如何构造 DES 算法的 7 轮线性逼近关系?

12. 利用线性逼近关系式 A, C 和 D, 如何构造 DES 算法的 14 轮线性逼近关系?

13. 证明引理 5.2.1、引理 5.2.2 和引理 5.2.3.

14. 给出 AES 算法 4 轮零相关线性区分器存在性的完整证明.

15. 构造一个 Feistel 密码算法说明, 尽管该算法存在 $r-1$ 轮积分区分器, 但是积分攻击对该密码无效.

16. 在 4 轮 AES 积分攻击的基础上, 给出 5 轮 AES 算法的积分攻击, 并计算具体的攻击复杂度.

17. 以 MILP 模型为例, 给出 P 置换矩阵形式差分特征和线性逼近的不等式描述.

18. 叙述如何利用自动化工具实现不可能差分区分器和零相关区分器的搜索.

参考文献

[1] Shannon C E. Communication theory of secret system. Bell System Technical Journal, 1949, 28: 656-715.

[2] NBS, Data Encryption Standard. FIPS PUB 46, Washington D. C.: National Bureau of standards. 1977.

[3] Biham E, Shamir A. Differential Cryptanalysis of DES-Like Cryptosystems. Advances in Cryptology—CRYPTO' 90, LNCS 537 Berlin: Springer-Verlag, 1990: 2-21.

[4] Matsui M. Linear cryptanalysis method for DES cipher. EUROCRYPT 1993, LNCS 765. Springer-Verlag, 1993: 386-397.

[5] FIPS PUB 197. Specification for Advanced Encryption Standard. Washington D. C.: National Institute of Standards and Technology, 2001.

[6] Daemen J, Rijmen V. AES Proposal: the Rijndael Block Cipher. Proton World Int L Katholieke Universiteit, 2002.

[7] European IST. NESSIE Project. 2000. http://www.cryptonessie.org.

[8] Handschuh H, Naccache D. SHACAL. NESSIE. 2001. https://www.cosic.esat. kuleuven. be /nessie/tweaks.html.

[9] MMatsui M. New Block Encryption Algorithm MISTY. Fast Software Encryption–FSE' 97, LNCS 1267, Berlin: Springer-Verlag, 1997: 64-67.

[10] Aoki K, Ichikawa, T Kanda M, et al. Camellia: A 128-bit block cipher suitable for multiple platforms-design and analysis. Selected Areas in Cryptography—SAC' 00, LNCS 2012, Berlin: Springer-Verlag, 2001: 39-56.

[11] Specification of SMS4. Block Cipher for WLAN Products—SMS4 (in Chinese). 2012. http://www.oscca.gov.cn/UpFile/200621016423197990.pdf.

[12] Kwon D, Kim J, Park S. New block cipher: ARIA. Information Security and Cryptology–ISC' 03, LNCS 2971, Berlin: Springer-Verlag, 2003: 432-445.

[13] Cryptography Research and Evaluation Committees. 2001. http://www.cryptrec.go. jp/eng-lish/ index. html.

[14] Junod P, Vaudenay S. FOX: A New Family of Block Ciphers. Selected Areas in Cryptography—SAC' 04, LNCS 3357, Berlin: Springer-Verlag, 2004: 131-146.

[15] Lai X, Massey J L. A Proposal for a New Block Encryption Standard. Advances in Cryptology-EUROCRYPT ' 90, LNCS 473, Berlin: Springer-Verlag, 1990: 389-404.

[16] ETSI, UMTS. Specification of the 3GPP Confidentiality and Integrity Algorithms; Document 2: Kasumi Specification. 2007. http://www.etsi.org/website/document/algorithms/ ts_135202v070000p.pdf.

[17] Bogdanov A, Knudsen L R, Leander G, et al. PRESENT: An Ultra-Lightweight block cipher. Cryptographic Hardware and Embedded System−CHES' 07, LNCS 4727, Berlin: Springer-Verlag. 2007: 350-466.

[18] Hong D, Sung J, Hong S, et al. HIGHT: A new block cipher suitable for low-resource device. Cryptographic Hardware and Embedded Systems−CHES' 06, LNCS 4249, Berlin: Springer-Verlag, 2006: 46-59.

[19] Wu W L, Zhang L. LBlock: A lightweight block cipher. Applied Cryptography and Network Security−ACNS' 11, LNCS 6715, Berlin: Springer-Verlag, 2011: 327-344.

[20] Dinu D, Perrin L, Udovenko A, et al. Design strategies for ARX with provable bounds: Sparx and LAX. Advances in Cryptology−ASIACRYPT' 16. LNCS 10031, Berlin: Springer-Verlag, 2016: 484-513.

[21] Yang G, Zhu B, Valentin S, et al. The simeck family of lightweight block ciphers. Cryptographic Hardware and Embedded Systems−CHES' 16, LNCS 9293, Berlin: Springer-Verlag, 2016: 484-513.

[22] Banik S, Pandey S K, Peyrin T, et al. GIFT: A small present. Cryptographic Hardware and Embedded Systems−CHES' 17, LNCS 10529, Berlin: Springer-Verlag, 2017: 25-28.

[23] Beaulieu R, Shors D, Smith J, et al. The SIMON and SPECK families of lightweight block ciphers. IACR Cryptology ePrint Archive, 2013: 404.

[24] Feistel H. Cryptography and computer privacy. Scientific American, 1973, 228(5): 15-23.

[25] Kerckhoffs A. La cryptographie militaire. Journal des sciences militaires, 1883, IX: 5-83.

[26] Biham E, Shamir A. Differential cryptanalysis of the full 16-round DES. CRYPTO 1992, LNCS 740. Berlin: Springer-Verlag, 1993: 487-496.

[27] Matsui M. The first experimental cryptanalysis of the data encryption standard. Advances in Cryptology−CRYPTO' 94, LNCS 839, Berlin: Springer-Verlag, 1994: 1-11.

[28] Biham E, Biryukov A, Shamir A. Cryptanalysis of skipjack reduced to 31 rounds using impossible differentials. Advances in Cryptology-EUROCRYPT' 99, LNCS 1592, Berlin: Springer-Verlag, 1999: 12-23.

[29] Knudsen L. DEAL- A 128-Bit Block Cipher. AES Proposal, 1998.

[30] Bogdanov A, Wang M Q. Zero correlation linear cryptanalysis with reduced data complexity. Fast Software Encryption−FSE' 12, LNCS 7549, Berlin: Springer-Verlag, 2012: 29-48.

[31] Daemen J, Knudsen L, Rijmen V. The block cipher square. Fast Software Encryption-FSE' 97, LNCS 1267, Berlin: Springer-Verlag, 1997: 149-165.

[32] Lucks S. The saturation attack-a bait for twofish. Fast Software Encryption−FSE' 01, LNCS 2355, Berlin: Springer-Verlag, 2001: 1-15.

[33] Biryukov A, Shamir A. Structural cryptanalysis of SASAS. Advances in Cryptology−EUROCRYPT' 01, LNCS 2045, Berlin: Springer-Verlag, 2001: 394-405.

[34] Knudsen L, Wagner D. Integral cryptanalysis. Fast Software Encryption−FSE' 02, LNCS 2365, Berlin: Springer-Verlag, 2002: 112-127.

[35] Lai X, Massey. Markov ciphers and differential cryptanalysis. Advances in Cryptology–EUROCRYPT'91, LNCS 547, Springer-Verlag, 1991: 17-38.

[36] Biham E, Shamir A. Differential cryptanalysis of DES-like cryptosystems. Journal of Cryptology, 1991, 2(3): 3-72.

[37] Heys H M. Key dependency of differentials: experiments in the differential cryptanalysis of block ciphers using small S-boxes. https://eprint.iacr.org/2020/1349.

[38] Selcuk A. On probability of success in linear and differential cryptanalysis. Journal of Cryptology, 2008, 21: 131-147.

[39] Mouha N, Wang Q, Gu D, et al. Differential and linear cryptanalysis using mixed-integer linear programming. International Conference on Information Security and Cryptology. Springer, 2011: 57-76.

[40] Sun S, Hu L, Wang P, et al. Automatic security evaluation and (related-key) differential char-acteristic search: Application to SIMON, PRESENT, LBlock, DES(L) and other bit-oriented block ciphers. International Conference on the Theory and Application of Cryptology and Information Security, Springer, 2014: 158-178.

[41] Optimization G. Gurobi optimizer reference manual. http://www.gurobi.com/.

[42] Mouha N, Preneel B. Towards fnding optimal differential characteristics for ARX: application to Salsa20. Cryptology ePrint Archive, 2013, 2013/328. https://eprint.iacr.org/2013/328.

[43] Kölbl S, Leander G, Tiessen T. Observations on the SIMON Block Cipher Family. CRYPTO 2015, LNCS 9215, Berlin Heidelberg: Springer, 2015: 161-185.

[44] Sun S, Hu L, Wang P, et al. Automatic enumeration of (Related-key) differential and linear characteristics with predefined properties and its applications. IACR Cryptol. ePrint Archive, 2014, 2014/747. https://eprint.iacr.org/2014/747.

[45] Stein W, et al. Sage: open source mathematical software. 2008. http://www.sagemath.org/.

[46] Kim J, Hong S, Lim J. Impossible differential cryptanalysis using matrix method. Discrete Mathematics, 2010, 310(5): 988-1002.

[47] Luo Y, Lai X, Wu Z, et al. A unified method for finding impossible differentials of block cipher structures. Information Sciences, 2014, 263: 211-220.

[48] Wu S, Wang M. Automatic search of truncated impossible differentials for word-oriented block ciphers. Progress in Cryptology–INDOCRYPT'12, LNCS 7668, Berlin: Springer-Verlag, 2012: 283-302.

[49] Sasaki Y, Todo Y. New impossible differential search tool from design and cryptanalysis aspects revealing structural properties of several ciphers. Advances in Cryptology–EUROCRYPT' 17, LNCS 10212, Berlin: Springer-Verlag, 2017: 85-215.

[50] Bogdanov A, Rijmen V. Linear hulls with correlation zero and linear cryptanalysis of block ciphers. Design, Code and Cryptography, 2014, 70(3): 369-383.

[51] Bogdanov A, Leander G, Nyberg K, et al. Integral and multidimensional linear distinguishers with correlation zero. ASIACRYPT 2012, LNCS 7658, 2012, : 244-261.

[52]　Daemen J, Govaerts R, Vandewalle J. Correlation matrices. Fast Software Encryption−FSE'94, LNCS 1008, Berlin: Springer-Verlag, 1995: 275-285.

[53]　Bogdanov A, Geng H, Wang M, et al. Zero-correlation linear cryptanalysis with FFT and improved attacks on ISO standards Camellia and CLEFIA. Selected Areas in Cryptography−SAC 2013. Berlin: Springer−Verlag, 2014: 306-323.

[54]　Bogdanov A, Leander G, Nyberg K, et al. Integral and multidimensional linear distinguishers with correlation zero. ASIACRYPT 2012, LNCS 7658, 2012: 244-261.

[55]　王美琴, 温隆. 零相关线性分析研究. 密码学报, 2014, 1(3): 296-310.

[56]　Z'aba M R, Raddum H, Henricksen M, et al. Bit-Pattern based integral attack. Fast Software Encryption−FSE'08, LNCS 5086, Berlin: Springer-Verlag, 2008: 363-381.

[57]　Todo Y. Structural evaluation by generalized integral property. Advances in Cryptology−EUROCRYPT'15, LNCS 9056, Berlin: Springer-Verlag, 2015: 287-314.

[58]　Ferguson N, Kelsey J, Lucks S, et.al. Improved Cryptanalysis of Rijndael. Fast Software Encryption−FSE'00, LNCS 1978, Berlin: Springer-Verlag, 2000: 213-230.

[59]　Sasaki Y, Wang L. Meet-in-the-middle technique for integral attacks against feistel ciphers. Selected Areas in Cryptography−SAC 2012. Berlin: Springer−Verlag, 2013: 234-251.

[60]　吴文玲, 张文涛. 分组密码的设计与分析. 北京: 清华大学出版社, 2009.

[61]　李超, 孙兵, 李瑞林. 分组密码的攻击方法与实例分析. 北京: 科学出版社, 2010.

第三部分 *Part 3*

公钥密码分析

公钥密码 (public key cryptography) 出现至今已有近五十年的历史, 是现代密码学的重要分支和组成部分. 1976 年, Diffie 和 Hellman 在其划时代的文献 *New directions in cryptography*[1] 中首次在公开领域提出了公钥密码的思想, 经过国内外学者几十年的研究积累, 公钥密码领域已经取得了丰硕的成果.

当前, 对公钥密码安全性的讨论主要分为三大类, 即大整数类密码分析方法、离散对数类密码分析方法、后量子类密码分析方法.

本章首先介绍公钥密码的基本概念和发展现状, 然后着重介绍 RSA、Elgamal、ECC、NTRU 等密码体制的一些简单分析方法.

第 10 章

公钥密码的基本概念和发展现状

公钥密码也称为非对称密码 (asymmetric cryptography), 是一种可以保证两个事先不共享秘密的用户之间安全通信的方法, 公钥密码的用户拥有一个包括公钥和私钥的密钥对, 其中公钥可以发送给通信的另一方, 而私钥则仅供自己使用. 公钥密码系统的一般结构如图 10.1 所示.

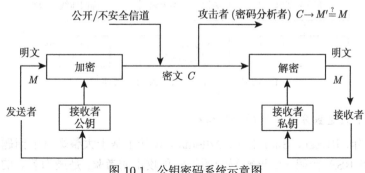

图 10.1　公钥密码系统示意图

一般来说, 公钥密码系统由明文空间 M、密文空间 C、密钥空间 K、加密函数 E、解密函数 D 等五个部分构成. 公钥密码经过四十多年的研究发展可大致分为两大类, 即传统的经典公钥密码和可以抵抗量子计算攻击的后量子密码 (post-quantum cryptography, PQC), 其中传统的经典公钥密码代表性体制包括 RSA、Elgamal、ECC 等, 后量子密码代表性体制包括 NTRU、McEliece 等.

公钥密码的设计依赖于计算困难的数学问题. 这些问题包括大整数因子分解问题、离散对数问题、格中向量问题、子集和问题、线性纠错码译码问题、多变量多项式方程组求解问题、组合群论以及椭圆曲线上的离散对数问题等. 公钥密码的分析方法主要是围绕求解这些困难的数学问题展开研究, 另外还有一些其他针对密码体制本身结构的分析方法.

10.2 公钥密码的发展现状

1976 年, Diffie 和 Hellman 在公开领域首先引入公钥密码思想, 开创了一个新的密码发展时代, 极大推动了公开领域密码设计与分析的发展. 根据是否可抵抗已知量子计算算法的攻击, 可将现有的公钥密码大致分为不能抵抗量子计算攻击的传统经典公钥密码体制和能抵抗已知量子计算攻击的后量子密码体制.

10.2.1 传统的经典公钥密码体制

传统的经典公钥密码体制经过几十年的发展演变, 产生了很多基于不同数学难题构建的公钥密码体制, 其中最主要的有三大类公钥密码, 即基于大整数分解问题构造的公钥密码、基于离散对数问题构造的公钥密码和基于椭圆曲线上困难问题构造的公钥密码, 如图 10.2 所示.

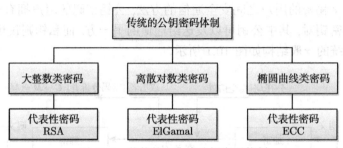

图 10.2 传统的三大类公钥密码体制

1. 基于大整数分解问题的公钥密码

1977 年, Rivest、Shamir 和 Adleman 设计了基于大整数分解问题的公钥密码方案, 即 RSA 密码 [2], 该密码经历了各种攻击的考验, 是最为著名的一种公钥密码体制, 也是目前应用最广泛的公钥密码之一. 1979 年, Rabin[3] 在 RSA 密码基础上进行改进, 基于求合数的模平方根问题提出了 Rabin 密码体制, 该密码是第一个被证明安全性等价于整数分解问题的公钥密码. 随后, 学者还相继提出了一些其他 RSA 密码体制的变型方案, 比如 CRT-RSA、Dual RSA、Multi-Prime RSA 等[4].

1994 年, Bellare 和 Rogaway 提出了 RSA 密码的填充机制, 简称 RSA-OAEP[5]. 1999 年, Paillier[6] 提出了具有加法同态性质的公钥密码, 即 Paillier 密码, 该密码体制与 RSA 密码类似, 也是基于大整数分解困难问题构造的, 不过模数采取了平方的形式.

经过四十多年的研究发展, 大整数类公钥密码已有广泛的应用, 同时针对大整数类公钥密码体制的分析也积累了丰富的研究成果, 当前整数分解最大可至 829

比特 [7]. 文献 [4] 和 [8] 中以 RSA 密码为例对此进行了较为全面的介绍和描述, 具体的分析方法简要汇总如表 10.1 所示.

表 10.1　针对 RSA 密码的攻击方法

	名称	名称
	试除法分解	猜测明文攻击
	费马分解	e 次根攻击
	Pollard ρ 分解	同态属性攻击
	"$p \pm 1$" 分解	共模攻击
RSA 密码攻击方法	ECM 分解	不动点攻击
	Dixon 随机平方方法分解	加密指数攻击
	连分数分解	解密指数攻击
	二次筛法分解	量子计算攻击
	数域筛法分解	侧信道攻击

2. 基于离散对数问题的公钥密码

1985 年, Elgamal 提出了一种基于离散对数的公钥密码体制 [9], 它与 Diffie-Hellman 密钥分配体制密切相关. Elgamal 密码是第一个基于离散对数问题的公钥密码体制, 也是离散对数类最著名的密码体制, 该密码已经被应用于一些技术标准中, 比如数字签名标准 (DSS) 和 S/MIME 电子邮件标准等.

针对离散对数问题类密码体制的分析方法一部分与大整数类密码体制的分析方法相似, 另外一部分是专门求解离散对数的方法, 最新离散对数分解记录是 795 比特 [7]. 以 Elgamal 密码体制为例, 分析方法简要汇总如表 10.2 所示.

表 10.2　针对 Elgamal 密码的攻击方法

	名称
	穷举搜索法
	小步/大步 (baby-step/giant-step) 攻击
	Pollard ρ 攻击
Elgamal 密码	Pohlig-Hellman 攻击
攻击方法	Index Calculus 攻击
	二次筛法
	数域筛法
	量子计算攻击
	侧信道攻击

3. 基于椭圆曲线的公钥密码

1985 年, Koblitz 和 Miller 分别独立地提出了椭圆曲线密码系统 (elliptic curve cryptography, ECC)[10,11], 该体制可以看作是一种扩展的 Elgamal 密码体制, 其中有限循环群是椭圆曲线上的点构成的群, 底层数学问题是椭圆曲线上的离散对数问题. 2001 年, Boneh 和 Franklin[12] 基于椭圆曲线上双线性对给出了一个安全的基于身份的公钥密码体制, 这也是较具有代表性的一种椭圆曲线公钥密码体制.

2010 年, 国家密码管理局推出了我国自主研发的 SM2 椭圆曲线密码, 该密码具有复杂度高、处理速度快、机器性能消耗小等优点.

当前, 针对椭圆曲线类公钥密码的分析方法大部分与离散对数类公钥密码体制类似, 不过也存在一些专门针对椭圆曲线的分析方法, 以 ECC 密码体制为例, 分析方法简要汇总如表 10.3 所示.

表 10.3　针对 ECC 密码的攻击方法

	名称
ECC 密码攻击方法	小步/大步 (baby-step/giant-step) 攻击
	Pohlig-Hellman 攻击
	Pollard ρ 攻击
	MOV 攻击
	Frey-Rück 攻击
	Index Calculus 攻击
	量子计算攻击

除了上述三大类主要密码体制外, 还有一些其他较为经典的传统公钥密码体制. 例如, 1978 年, Merkle 和 Hellman[13] 利用背包问题设计了一种公钥密码体制, 即 Merkle- Hellman 背包密码, 不过该体制很快被攻破, 而且基于背包问题的公钥密码体制几乎都已被证明是不安全的. 1985 和 1986 年, 陶仁骥和陈世华提出了有限自动机公钥密码算法, 这种公钥密码系统基于两个有限自动机的合成困难问题, 运行比 RSA 快, 但也需要更长的密钥 [14].

1994 年, Shor 提出了一种量子算法, 即 Shor 算法 [15], 利用量子计算可以进行整数的分解运算, 该算法对 RSA、Diffie-Hellman、Elgamal、ECC 等密码体制安全性造成了一定的影响. 特别是近些年, 随着量子计算机的快速发展, Shor 算法等量子计算方法使得传统公钥密码安全面临的威胁越来越严重, 这也直接促使了对后量子密码的研发以及标准的制定.

10.2.2　后量子密码体制

后量子密码, 也称抗量子密码, 是可以抵抗当前已知量子算法攻击的密码体制统称, 主要包括六类密码体制, 即基于格的密码、基于编码的密码、基于杂凑函数的密码、基于多变量多项式的密码、基于同源曲线的密码、基于非交换群的密码, 如图 10.3 所示.

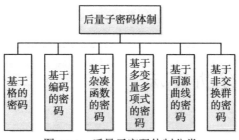

图 10.3　后量子密码体制分类

1996 年, Hoffstein、Pipher 及 Silverman 提出了一种基于多项式环的公钥密码体制, 即 NTRU 密码 [16]. 1997 年, Coppersmith 和 Shamir 提出了 NTRU 格 [17], 并用 LLL 算法给出了一种基于 NTRU 格的 NTRU 密码攻击, 对后续的 NTRU 密码分析方法产生了重要的影响. 2007 年, Nick[18] 首次提出了针对 NTRU 密码的混合攻击, 一种将中间相遇和格基约化结合的高效攻击方法, 也是目前利用格攻击方法中最好的. 2016 年, Albrecht 和 Bai[19] 推广了原始子域攻击, 成功地将求解 NTRU 格上 SVP 问题转化为子域中相应的格问题, 提高了攻击效率. 近些年, 关于格密码的设计与分析成果越来越多, 并且如何将传统格问题求解方法与量子计算结合逐步成为研究的热点, SVP 等问题求解的一些最新研究成果可以参看文献 [20].

基于编码的密码体制也是后量子密码的重要组成, 首个基于编码的公钥密码体制是由 McEliece[21] 于 1978 年提出的, 现称为 McEliece 密码, 该密码系统是基于编码的后量子密码的典型代表体制, 其最重要的特征之一是可抵抗迄今为止的已知密码攻击. 1988 年, 日本学者 Matsumoto 和 Imai[22] 提出了 MI 密码体制, 该方案是第一个成熟的多变量公钥密码体制. 当前, 多变量公钥密码在设计方面大致分为三类: 扩域类、油醋类和三角形逐步迭代类. 2010 年, Stolbunov[23] 提出了基于同源计算问题复杂性的椭圆曲线公钥密码体制. 2011 年, Jao 和 de Feo 提出了基于超奇异椭圆曲线之间同源计算的密码方案 SIDH[24], 不过 SIDH 类密码体制当前已被攻破. 基于非交换群的公钥密码是指具有非交换代数结构的密码体制, 比如基于辫群的公钥密码. 另外, 基于杂凑函数的抗量子密码研究呈现逐步增多的趋势.

2016 年, 美国国家标准与技术研究所 NIST 发布后量子领域标准化方案征求稿, 在全球范围内公开征集后量子密码, 该活动对后量子密码的研究发展起到了进一步的促进作用. 经过征集和初步筛选, 第一轮标准中基于格的密码方案有 26 个, 基于编码的密码方案有 18 个, 基于多变量多项式密码方案有 9 个, 基于杂凑函数的密码方案有 3 个, 其他类型密码方案有 7 个. 2022 年 7 月, NIST 公布了其中 4 个方案作为后量子密码标准.

第 11 章

RSA 密码的分析方法

RSA 密码是使用最为广泛的一种公钥密码体制, 该密码运行时首先选择两个大的素数 p 和 q (当前推荐至少 1024 比特), 其乘积 $N = pq$ 作为公开的模数, 公钥 (加密密钥) 和私钥 (解密密钥) 满足 $ed \equiv 1(\mathrm{mod}\varphi(N))$, 对于明文 M 和相应的密文 C, 加密和解密过程如下:

$$M^e \equiv C(\mathrm{mod}N),$$
$$C^d \equiv (M^e)^d \equiv M(\mathrm{mod}N).$$

针对 RSA 密码的分析方法, 经过四十多年的研究发展, 可大致分为基于大整数分解方法的攻击和针对 RSA 密码体制参数选取或体制结构本身的攻击.

11.1 大整数分解问题算法

整数分解问题 (integer factorization problem, IFP) 是指给定正整数 n 找到满足

$$n = \prod_{j=1}^{r} p_j^{e_j}$$

的素数 $p_j(1 \leqslant j \leqslant r)$, 其中 $p_1 < p_2 < \cdots < p_j < \cdots < p_r$ 是素数. 攻破 RSA 密码最直接的方法就是分解模数 N.

11.1.1 试除法

试除法是整数分解方法中最简单和最容易理解的一种算法. 该方法可用所有小于等于 $\sqrt{N}$ 的正整数去除待分解的模数 N, 如果找到一个正整数能够恰好整除, 那么这个正整数就是 N 的因数.

例 11.1.1 分解 $N = 143$.

试除法还有一些变型算法, 不过总体来说, 所有试除法在 N 较大或者因数都较大的情况下, 效率是非常低的. 特别是对于分析 RSA 密码而言, 最坏情况的复

杂度是 $O(\sqrt{N})$ 且运行时间是指数级的, 因此该分解方法是不适用的. 关于试除法的更多细节可参看文献 [25].

算法 11.1.1　试除法分解

步骤 1　输入 N 并设 $t \leftarrow 0, k \leftarrow 2$.

步骤 2　如果 $N{=}1$, 则转到步骤 5. 否则运行步骤 3.

步骤 3　$q \leftarrow N/k$ 且 $r \leftarrow N(\mathrm{mod}k)$, 如果 $r \neq 0$, 转到步骤 4. 否则 $t \leftarrow t+1, p_t \leftarrow k$,　$N \leftarrow q$, 转到步骤 2.

步骤 4　如果 $q > k$, 则 $k \leftarrow k+1$, 转到步骤 3. 否则 $t \leftarrow t+1, p_t \leftarrow N$.

步骤 5　终止算法.

11.1.2　费马分解法

费马分解法是由法国数学家费马在 17 世纪提出的, 算法思路是将一个合数分解成两个整数平方的差.

一般来说, 为了使模数 N 是难分解的或使 RSA 密码是难攻破的, 素数 p 和 q 应该选择具有相同比特大小的数. 然而, 如果 p 和 q 彼此太接近, 则利用费马分解法可以对模数 N 进行分解. 设模数 $N = pq$, 其中 $p \leqslant q$ 都是奇素数, 然后令 $x = (p+q)/2$ 和 $y = (p-q)/2$(由于 p, q 都是奇素数, 因此 x, y 是整数且 $p = x+y, q = x-y$), 找到 $N = x^2 - y^2 = (x+y)(x-y)$ 或 $y^2 = x^2 - N$, 即对模数 N 进行了分解.

简单讲, 利用费马分解法分解整数, 为了找到合适的 x 和 y, 可由 $x = \lceil \sqrt{N} \rceil$ 开始并逐次加 1, 直到找到满足 $x^2 - N$ 是平方数的 x.

例 11.1.2　分解模数 $N = 14317$. 由于 $\sqrt{N} \approx 119.7$, 设 $x = 120$, 可得 $x^2 - N = 83$, 但 83 不是一个平方数, 需要重新取 $x = 121$, 此时 $x^2 - N = 324 = 18^2$, 因此得到 $x = 121, y = 18$, 即

$$N = (x+y)(x-y) = (121+18)(121-18) = 139 \times 103 = 14317.$$

文献 [8] 和 [26] 中给出了另一种描述的形式, 原理是一样的, 算法描述如下.

算法 11.1.2　费马分解算法

步骤 1　输入 N 并设 $k \leftarrow \lfloor \sqrt{N} \rfloor + 1, y \leftarrow k \cdot k - N, d \leftarrow 1$.

步骤 2　如果 $\lfloor \sqrt{y} \rfloor = \sqrt{y}$, 则转到步骤 4, 否则 $y \leftarrow y + 2 \cdot k + d$ 且 $d \leftarrow d + 2$.

步骤 3　如果 $\lfloor \sqrt{y} \rfloor < N/2$, 则转到步骤 2, 否则输出 "没找到因数" 并返回步骤 5.

步骤 4　$x \leftarrow \sqrt{N+y}, y \leftarrow \sqrt{y}$, 输出 N 的非平凡因数 $x-y$ 和 $x+y$.

步骤 5　终止算法.

一般而言, 费马分解法的运行时间是 $O(\sqrt{N})$, Kraitchik 和 Dixon 等都对费马分解法给出过一定的改进, 其中 Kraitchik 分解法还是二次筛法的基础, 费马分解法的更多细节可参看文献 [8, 26-27].

11.1.3 Dixon 分解法

1981 年, 卡尔顿大学的 Dixon 提出了一种整数分解算法, 现称为 Dixon 随机平方分解方法 [28], 简称 Dixon 分解法, 该方法依赖于寻找模整数的平方剩余.

设 N 是一个待分解的合数. 选择一个界 B 并确定分解基 FB $= \{p_1, p_2, \cdots,$ $p_k \leqslant B\}$. 然后, 搜索满足 $z^2 (\mathrm{mod} N)$ 是 B 平滑 (如果一个整数的所有素因子关于界 B 都是小的, 则说它是平滑的, 并称这个数是 B 平滑的) 的正整数 z, 即可以写为

$$z^2 \equiv \prod_{p_i \in B} p_i^{a_i} (\mathrm{mod} N).$$

当有足够多形如上式的关系时, 可以使用初等数论的知识得到

$$z_1^2 z_2^2 \cdots z_k^2 \equiv \prod_{p_i \in B} p_i^{a_{i,1} + a_{i,2} + \cdots + a_{i,k}} (\mathrm{mod} N).$$

这实际上是一个平方同余的形式 $x^2 \equiv y^2 (\mathrm{mod} N)$, 可以转化为 N 的分解, 即

$$N = \gcd(x+y, N)(N / \gcd(x+y, N)).$$

当然如果遇到特殊情况 $x \equiv \pm y (\mathrm{mod} N)$, 那就要重新尝试一组新的关系组合.

例 11.1.3 分解整数 $N = 84923$, 平滑界 $B = 7$.

解 由平滑界可取分解基 FB $= \{2, 3, 5, 7\}$, 然后在 $\lceil \sqrt{84923} \rceil = 292$ 和 $N = 84923$ 之间随机搜索平方是 B 平滑的整数.

假设搜索到两个整数 513 和 537 有

$$513^2 \equiv 8400 \equiv 2^4 \cdot 3 \cdot 5^2 \cdot 7 (\mathrm{mod} 84923),$$

$$537^2 \equiv 33600 \equiv 2^6 \cdot 3 \cdot 5^2 \cdot 7 (\mathrm{mod} 84923),$$

因此, 可得

$$(513 \cdot 537)^2 \equiv 2^{10} \cdot 3^2 \cdot 5^4 \cdot 7^2 (\mathrm{mod} 84923),$$

即

$$(513 \cdot 537)^2 \equiv 275481^2 \equiv (84923 \cdot 3 + 20712)^2$$

$$\equiv (84923 \cdot 3)^2 + 2 \cdot (84923 \cdot 3 \cdot 20712) + 20712^2$$

$$\equiv 20712^2 (\mathrm{mod} 84923),$$

也就是

$$20712^2 \equiv (513 \cdot 537)^2 \equiv 2^{10} \cdot 3^2 \cdot 5^4 \cdot 7^2 \equiv 16800^2 (\mathrm{mod}\, 84923),$$

故

$$N = 84923 = \gcd(20712 - 16800, 84923) \cdot \gcd(20712 + 16800, 84923) = 163 \times 521.$$

11.1.4 Pollard $p-1$ 分解法

J. Pollard 提出过多种著名的大整数分解方法, 例如 Pollard $p-1$ 分解法、Pollard ρ 分解法、数域筛法等[8,29], 其中 Pollard $p-1$ 分解法是 1974 年提出的, 该算法基于数论中的费马小定理, 适用于 $p-1$ 仅有小素因数的情况, 其中 p 是模数 N 的因数.

Pollard $p-1$ 分解法的思路是对于待分解的模数 $N = pq$、B 是平滑界, 当 $p-1$ 有小素因数时, 则可能有 $(p-1)|B!$, 即 $B! = (p-1)m$, 随机选取正整数 a, 计算 $t_B \equiv a^{B!}(\mathrm{mod}\, N)$, 进而有 $t_B \equiv a^{B!} \equiv a^{(p-1)m} \equiv 1(\mathrm{mod}\, p)$, 故可知 $p|(t_B - 1)$, 得到 $\gcd(t_B - 1, N) = p$.

算法 11.1.3 Pollard $p-1$ 分解算法

步骤 1 输入待分解模数 N 并选择平滑界 B.

步骤 2 随机取正整数 a, 例如取 $a = 2$, 计算 $\gcd(a, N)$, 如果 $\gcd(a, N) > 1$, 则找到了模数 N 的因数, 转到步骤 5; 否则设 $a_1 = a$, $k = 2$, 执行步骤 3.

步骤 3 计算 $a_k \equiv a_{k-1}^k (\mathrm{mod}\, N)$.

步骤 4 计算 $\gcd(a_k - 1, N)$, 如果 $\gcd(a_k - 1, N) > 1$, 则找到因数, 执行步骤 5; 如果 $\gcd(a_k - 1, N) = 1$ 或 N, 则令 $k = k + 1$, 此时若 $k \leqslant B$, 返回步骤 3, 否则分解失败, 执行步骤 5.

步骤 5 终止算法.

例 11.1.4 分解整数 $N = 10001$, 平滑界 $B = 7$.

解 取 $a=2$, 由于 $(2, 10001) = 1$, 因此设 $a_1 = a = 2, k = 2$, 计算

$$a_2 \equiv a_1^2 \equiv 2^2 (\mathrm{mod}\, 10001), \quad \gcd(a_2 - 1, 10001) = \gcd(4 - 1, 10001) = 1.$$

接着计算

$$a_3 \equiv a_2^3 \equiv 2^{3!} (\mathrm{mod}\, 10001), \gcd(a_3 - 1, 10001) = \gcd(64 - 1, 10001) = 1,$$

$$a_4 \equiv a_3^4 \equiv 2^{4!} (\mathrm{mod}\, 10001), \gcd(a_4 - 1, 10001) = \gcd(5539 - 1, 10001) = 1,$$

$$a_5 \equiv a_4^5 \equiv 2^{5!} (\mathrm{mod}\, 10001), \gcd(a_5 - 1, 10001) = \gcd(7746 - 1, 10001) = 1,$$

$$a_6 \equiv a_5^6 \equiv 2^{6!} (\mathrm{mod}\, 10001), \gcd(a_6 - 1, 10001) = \gcd(1169 - 1, 10001) = 73.$$

此时, 找到了 $N = 10001$ 的一个因数 73, 并进一步可知 $N = 10001 = 73 \times 137$.

11.1.5 Pollard ρ 分解法

1975 年, J. Pollard 提出了 Pollard ρ 分解法, 也称为 Pollard rho 分解法, 该算法是一种概率方法, 用于寻找大整数的小的非平凡因数. 试除法通过尝试所有到 $\sqrt{N}$ 的素数可以彻底地分解整数 N, 而用相同的工作量, Pollard ρ 分解法可以分解小于等于 N^2 的任意整数.

Pollard ρ 分解法的思路是对于待分解的模数 $N = pq$, 如果可以找到满足 $x_i \equiv x_j (\bmod p)$ 但 $x_i \not\equiv x_j (\bmod N)$ 的两个正整数, 则由 $p|(x_j - x_i, p)N$ 且 $N \nmid (x_j - x_i)$, 可得到 $p < \gcd(x_j - x_i, N) \leqslant N$, 进而可知模数 $\gcd(x_j - x_i, N)$ 是模数 N 的一个非平凡因数, 如图 11.1 所示.

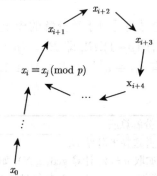

图 11.1　Pollard ρ 分解法示意图

算法 11.1.4　Pollard ρ 分解算法

步骤 1　输入模数 N.

步骤 2　随机选择初始整数 x_0, 其中 $0 < x_0 < N - 1$.

步骤 3　计算迭代序列 $x_1 = y(x_0), \cdots, x_i = y(x_{i-1}), \cdots$, 其中 $y(x)$ 是一个整系数多项式, 比如可取 $y(x) = x^2 + 1$.

步骤 4　如果迭代序列中存在满足 $x_i \equiv x_j (\bmod p)$ 但 $x_i \not\equiv x_j (\bmod N)$ 的两个正整数, 则执行步骤 5; 如果不存在, 则转到步骤 6 或返回步骤 2 选择一个新的初始值, 开始迭代运算.

步骤 5　$p|(x_j - x_i)$ 且 $N \nmid (x_j - x_i)$, 因此 $\gcd(x_j - x_i, N)$ 是 N 的一个非平凡因数.

步骤 6　终止算法.

例 11.1.5　用 Pollard ρ 方法分解 $N = 1111$.

解　取初始值 $x_0 = 2$, 选择多项式 $y(x) = x^2 + 1$, 则迭代序列计算如下:

$$\gcd(x_1 - x_0, N) = \gcd(5 - 2, 1111) = 1,$$

$$\gcd(x_2 - x_1, N) = \gcd(26 - 5, 1111) = 1,$$

$$\gcd(x_2 - x_0, N) = \gcd(26 - 2, 1111) = 1,$$

$$\gcd(x_3 - x_2, N) = \gcd(677 - 26, 1111) = 1,$$

$$\gcd(x_3 - x_1, N) = \gcd(677 - 5, 1111) = 1,$$

$$\gcd(x_3 - x_0, N) = \gcd(677 - 2, 1111) = 1,$$

$$\gcd(x_4 - x_3, N) = \gcd(598 - 677, 1111) = 1,$$

$$\gcd(x_4 - x_2, N) = \gcd(598 - 26, 1111) = 11,$$

因此, 通过 8 次比较和计算, 得到 $N = 1111$ 的因数 11.

11.1.6 二次筛方法

1982 年, Pomerance 提出了二次筛 (quadratic sieve, QS) 方法分解整数 [8]. 1983 年, Davis 等利用该方法成功找到了 $2^{251} - 1$ 的一个 69 位数字的因数.

二次筛方法分解整数的思路是对于待分解模数 N, 若能找到两个不等的正整数满足

$$u^2 \equiv v^2 (\bmod N), \quad u + v \neq N,$$

则 $\gcd(u \pm v, N)$ 可能就是模数 N 的非平凡因数.

算法 11.1.5 二次筛算法

步骤 1 分解基 $FB = \{-1, p_1, p_2, \cdots, p_k \leqslant B\}$, 其中 p_i 是较小的素数 (N 是模 p_i 的二次剩余).

步骤 2 找到接近 $[\sqrt{N}]$ 的整数 $a_1, a_2, \cdots, a_k$, 使得每个 $Q_i = a_i^2 - N$ 是平滑的.

步骤 3 构造集合 $Q_i \in S$, 其中 $Q_i = a_i^2 - N$ 是平方数. 设 u 是 a_i 乘积, 则

$$u^2 \equiv \left(\prod_{i \in S} a_i\right)^2 \equiv \prod_{i \in S} (a_i^2 - N) \equiv \prod_{i \in S} Q_i \equiv v^2 (\bmod N).$$

步骤 4 计算 $\gcd(u \pm v, N)$.

步骤 5 如果 $\gcd(u \pm v, N)$, 则输出 $\gcd(u \pm v, N)$ 并转到步骤 6; 否则, 转到步骤 3 寻找新的 u 和 y. 如果需要, 则转到步骤 2 找到更多的 a_i.

步骤 6 终止算法.

11.2 非整数分解攻击方法

RSA 密码的分析方法中, 除了直接分解模数获得秘密的素因数外, 还有很多对密码体制结构和其他参数的分析方法.

11.2.1 因数碰撞攻击

欧几里得除法也称为辗转相除法, 是初等数论中一种重要的求最大公因数的方法. 欧几里得除法的思想是对任意两个正整数 a, b, 按照如下运算可求得最大

公因数

$$a = bq_1 + r_1, \quad 0 < r_1 < b,$$
$$b = r_1 q_2 + r_2, \quad 0 < r_2 < r_1,$$
$$\cdots\cdots$$
$$r_{n-2} = r_{n-1} q_n + r_n, \quad 0 < r_n < r_{n-1},$$
$$r_{n-1} = r_n q_{n+1} + r_{n+1}, \quad r_{n+1} = 0,$$

其中最大公因数 $(a, b) = r_n$.

RSA 密码中模数 $N = pq$ 是两个大的素数之积. 如果在 RSA 密码的实际使用中, 不同公钥证书的模数采用了相同的素因数, 比如 $N_1 = pq_1, N_2 = pq_2$, 则利用欧几里得除法可以很容易地求出素因数 p, 进而求得素因数 q_1, q_2, 并结合公开的公钥, 最终可求得各自对应的解密密钥, 彻底攻破当前参数下的 RSA 密码.

2013 年, Bernstein 等[30] 利用欧几里得除法找出了 RSA 密码证书中不同的模数使用相同素因数的很多实例, 并成功分解了很多具有相同素因数的模数.

例 11.2.1 RSA 密码模数 $N_1 = 355$, $N_2 = 781$, 利用欧几里得除法求出 N_1, N_2 的公因数.

解 由欧几里得除法,

$$N_2 = 781 = 2 \cdot N_1 + 71,$$
$$N_1 = 355 = 71 \cdot 5,$$

从而可知 N_1, N_2 的公因数是 71.

例 11.2.2 RSA 密码模数 $N_1 = 10823, N_2 = 13837$, 利用欧几里得除法求出 N_1, N_2 的公因数.

解 由欧几里得除法

$$\gcd(N_1, N_2) = \gcd(10823, 13837) = \gcd(10823, 10823 + 3014) = \gcd(10823, 3014)$$

$$= \gcd(3014 \times 3 + 1781, 3014) = \gcd(1781, 1781 + 1233)$$

$$= \gcd(548, 1233) = \gcd(548, 137) = 137,$$

从而可知 N_1, N_2 的公因数是 137.

由此, 容易计算出 $N_1 = 10823 = 137 \times 79, N_2 = 13837 = 137 \times 101$.

11.2.2 共模攻击

RSA 密码共模攻击 (common modulus attack) 的前提是 RSA 密码系统参数生成的过程中不同的证书或用户使用了相同的模数 N.

共模攻击的思想是如果两条密文是相同明文采用相同的模数情况下加密获得的, 即

$$C_1 \equiv M^{e_1}(\mathrm{mod}N), \quad C_2 \equiv M^{e_2}(\mathrm{mod}N),$$

其中 e_1, e_2 是互素的两个公钥, 则因为 $(e_1, e_2) = 1$, 由数论中的裴蜀定理可知存在整数 u, v 使得 $ue_1 + ve_2 = 1$ 成立. 因此, 利用下式可恢复明文

$$C_1^u C_2^v \equiv (M^{e_1})^u (M^{e_2})^v \equiv M^{ue_1+ve_2} \equiv M(\mathrm{mod}N).$$

此时, 攻击者不需要知道任何秘密参数 $\{p, q, \varphi(N), d\}$ 就成功恢复了明文 M.

例 11.2.3 RSA 密码模数 $N = 55$, 加密密钥 $e_1 = 3, e_2 = 7$, 已知相同明文 $M(0 < M < 55)$ 用两个公钥加密的密文分别是 $C_1 = 17, C_2 = 2$, 恢复明文 M.

解 因为 $(3, 7) = 1$, 所以由裴蜀定理可知存在整数 u, v 使得

$$u \cdot 3 + v \cdot 7 = 1$$

成立.

计算求得上式的一组解 $u = 5$, $v = -2$, 因此, 利用下式可恢复明文

$$17^5 \cdot 2^{-2} \equiv C_1^5 C_2^{-2} \equiv (M^3)^5 (M^7)^{-2} \equiv M^1 \equiv M(\mathrm{mod}55).$$

而

$$17^5 \equiv 17^2 \cdot 17^2 \cdot 17 \equiv 14 \cdot 14 \cdot 17 \equiv 32(\mathrm{mod}55), 2^{-2} \equiv (4)^{-1} \equiv 4^{-1} \equiv 14(\mathrm{mod}55).$$

故

$$M \equiv 32 \cdot 14 \equiv 8(\mathrm{mod}55).$$

11.2.3 同态属性攻击

RSA 密码是具有乘法同态属性 (homomorphic property) 的公钥密码体制, 即在相同模数下的两条明文消息加密的乘积与两条明文乘积的加密是相同的. Davida 指出由于 RSA 密码具有的这种乘法同态性质, 可以对其发起选择密文攻击.

攻击者截获到了密文 $C \equiv M^e(\mathrm{mod}N)$, 并想破译密文获取明文 M. 攻击者随机选择 $M_1 \in Z_N$, 计算 $C_1 \equiv CM_1^e \equiv (MM_1)^e(\mathrm{mod}N)$. 然后, 攻击者请求解密预言机对密文 C_1 进行解密

$$M' \equiv C_1^d \equiv (CM_1^e)^d \equiv C^d \cdot M_1^{ed} \equiv MM_1(\mathrm{mod}N),$$

因为, M_1 的逆元很容易计算, 所以攻击者可以简单地得到明文 $M \equiv M'M_1^{-1}(\mathrm{mod}N)$.

例 11.2.4 已知模数 $N = 55, p = 5, q = 11$, 公钥 $e = 3$、(解密预言机知道的) 私钥 $d = 27$. 攻击者截获明文 $M = 7$ 加密后的密文 $C \equiv M^e(\mathrm{mod}N) = 13$, 攻击者想要恢复明文.

解 攻击者随机选择新明文 $M_1 = 3$, 结合截获的密文计算得到新的密文

$$C_1 \equiv CM_1^3 \equiv 13 \cdot 27 \equiv 21(\mathrm{mod}55).$$

然后, 攻击者请求对密文 C_1 进行解密

$$M' \equiv C_1^d \equiv 21^{27}(\mathrm{mod}55),$$

又由于

$$21^{27} \equiv M' \equiv C_1^d \equiv (CM_1^e)^d \equiv C^d \cdot M_1^{ed} \equiv MM_1 \equiv M \cdot 3(\mathrm{mod}55),$$

因此

$$M \equiv 21^{27} \cdot 3^{-1} \equiv 21^{27} \cdot 37 \equiv 21^{26} \cdot 7 \equiv (21 \cdot 21)^{13} \cdot 7 \equiv (55 \cdot 8 + 1)^{13} \cdot 7 \equiv 7(\mathrm{mod}55).$$

11.2.4 小加密指数的相同消息攻击

1985 年, Håstad 提出了针对 RSA 密码在不同模数下使用相同的小加密指数对相同消息加密的攻击方法 [31].

小加密指数相同消息攻击的思路是不同 RSA 密码实现中多个模数互素而加密密钥相同且较小的情况下, 对相同的消息加密后的密文可以通过中国剩余定理计算恢复.

假设加密密钥 $e = 3$, 模数是 N_1, N_2, N_3, 其中 $\gcd(N_i, N_j) = 1, i \neq j$, 明文 M 加密后对应的密文分别是

$$C_1 \equiv M^3(\mathrm{mod}N_1), \quad C_2 \equiv M^3(\mathrm{mod}N_2), \quad C_3 \equiv M^3(\mathrm{mod}N_3),$$

则令 $x = M^3$, 上式变为 $x \equiv C_1(\mathrm{mod}N_1)$, $x \equiv C_2(\mathrm{mod}N_2)$, $x \equiv C_3(\mathrm{mod}N_3)$, 可用中国剩余定理求解得到 x, 并最终得到明文

$$M \equiv x^{1/3}(\mathrm{mod}N), \quad \text{其中} N = N_1N_2N_3.$$

例 11.2.5 模数 $N_1 = 35, N_2 = 143, N_3 = 323$, 加密密钥 $e = 3$, 在三个模数下对应的密文分别是 $C_1 = 8, C_2 = 8, C_3 = 8$, 利用小加密指数相同消息攻击恢复明文 M.

解 由已知条件得同余方程组

$$x \equiv 8(\mathrm{mod}35), \quad x \equiv 8(\mathrm{mod}143), \quad x \equiv 8(\mathrm{mod}323).$$

令 $W_1 = 143 \cdot 323 = 46189, W_2 = 35 \cdot 323 = 11305, W_3 = 35 \cdot 143 = 5005$. 利用中国剩余定理得

$$x \equiv \sum_{i=1}^{3} 8W_i W_i' (\mathrm{mod}\,1616615),$$

其中 $W_i W_i' \equiv 1 (\mathrm{mod}\,N_i), \ i = 1, 2, 3$.

先解同余式 $W_i W_i' \equiv 1 (\mathrm{mod}\,N_i), i = 1, 2, 3$ 得到 $W_1' = 19, W_2' = 18, W_3' = 107$, 因此

$$x \equiv \sum_{i=1}^{3} 8W_i W_i' \equiv 8(46189 \times 19 + 11305 \times 18 + 5005 \times 107) \equiv 8(\mathrm{mod}\,1616615).$$

故明文 $M = 8^{1/3} = 2$.

11.2.5 小加密指数的相关消息攻击

1996 年, Coppersmith 等[32] 给出了一种针对 RSA 密码使用小的加密指数对相关消息加密的攻击方法.

小加密指数相关消息攻击的思路是在加密密钥较小的情况下, 对于具有仿射关系的两个消息 M_1, M_2, 满足 $M_2 = \alpha M_1 + \beta$, 其中 α, β 是整数, 加密后可以通过代数运算在不用知道解密密钥的情况下恢复出明文.

假设取加密密钥 $e = 3$, 模数是 N, M_1, M_2 加密后对应的密文分别是

$$C_1 \equiv M_1^3 (\mathrm{mod}\,N),$$
$$C_2 \equiv M_2^3 (\mathrm{mod}\,N),$$

则由

$$C_1, C_2, \alpha, \beta, N$$

可以通过下式计算出明文消息

$$\frac{\beta(C_2 + 2\alpha^3 C_1 - \beta^3)}{\alpha(C_2 - \alpha^3 C_1 + 2\beta^3)} \equiv \frac{3\alpha^3 \beta M_1^3 + 3\alpha^2 \beta^2 M_1^2 + 3\alpha\beta^3 M_1}{3\alpha^3 \beta M_1^2 + 3\alpha^2 \beta^2 M_1 + 3\alpha\beta^3} \equiv M_1 (\mathrm{mod}\,N),$$

特别是取 $\alpha = 1$, $\beta = 1$ 时, 有

$$\frac{C_2 + 2C_1 - 1}{C_2 - C_1 + 2} \equiv \frac{3M_1^3 + 3M_1^2 + 3M_1}{3M_1^2 + 3M_1 + 3} \equiv M_1 (\mathrm{mod}\,N).$$

例 11.2.6 模数 $N = 55$, 加密密钥 $e = 3$, 明文 $M_1 = 7, M_2 = \alpha \times M_1 + \beta = 17$, 其中 $\alpha = 2, \beta = 3$, 利用小加密指数相关消息攻击恢复明文.

解 模数 $N = 55$, 加密密钥 $e = 3$, 两个明文加密的密文分别是

$$C_1 \equiv 7^3 \equiv 13 \pmod{55},$$
$$C_2 \equiv 17^3 \equiv 18 \pmod{55},$$

则利用 $C_1, C_2, \alpha, \beta, N$, 由下式可计算出明文 M_1,

$$M_1 \equiv \frac{\beta(C_2 + 2\alpha^3 C_1 - \beta^3)}{\alpha(C_2 - \alpha^3 C_1 + 2\beta^3)} \equiv \frac{3(18 + 2 \cdot 8 \cdot 13 - 27)}{2(18 - 8 \cdot 13 + 54)} \equiv \frac{3 \cdot 199}{2 \cdot (-32)}$$

$$\equiv 47 \cdot (-9)^{-1} \equiv 47 \cdot 6 \equiv 7 \pmod{55},$$

进一步利用关系式 $M_2 = \alpha \times M_1 + \beta$ 可计算出 $M_2 = 17$.

11.2.6 猜测 $\varphi(N)$ 攻击

RSA 密码的秘密参数 $\{p, q, d, \varphi(N)\}$ 中若能通过猜测或任何其他方式获得了 $\varphi(N)$ 的值, 则等同于分解了模数 N, 进而可计算出其他秘密参数并由密文恢复出明文 [8].

假定通过猜测、截获或任何其他方式获得了 $\varphi(N)$ 的值, 则将非常容易地计算出模数 N 的素因数 p 和 q. 因为

$$\varphi(N) = (p-1)(q-1) = pq - p - q + 1,$$

因此由 $N = pq$ 和 $p + q = N + 1 - \varphi(N)$, 可得到根是 p 和 q 的一元二次方程

$$x^2 - (p+q)x + pq = 0,$$

利用一元二次方程求根公式可以获得方程的解.

例 11.2.7 知 RSA 密码的模数 $N = 31615577110997599711$, 并通过猜测或任何其他方式获得了 $\varphi(N)$ 的值 $\varphi(N) = 31615577098574867424$, 请给出模数 N 的素因数 p 和 q.

解 由已知条件, 列出一元二次方程如下:

$$x^2 - (N + 1 - \varphi(N))x + N = 0,$$

即

$$x^2 - 12422732288x + 31615577110997599711 = 0.$$

由求根公式可知方程的解

$$x_1 = \frac{-b + \sqrt{b^2 - 4ac}}{2a}, \quad x_2 = \frac{-b - \sqrt{b^2 - 4ac}}{2a}.$$

又模数 N 的因数为正整数, 可知只需计算

$$x_1 = \frac{-b + \sqrt{b^2 - 4ac}}{2a}$$

$$= \frac{-12422732288 + \sqrt{12422732288^2 - 4 \cdot 31615577110997599711}}{2}$$

$$= 8850588049 = p,$$

进而得

$$q = \frac{N}{p} = \frac{31615577110997599711}{8850588049} = 3572144239,$$

故

$$N = 3572144239 \times 8850588049.$$

11.2.7 Wiener 攻击

1990 年, Wiener[33] 提出了针对 RSA 密码使用了小解密指数的攻击方法, 在满足一定条件时利用连分数方法可以恢复出解密密钥 d.

RSA 密码中加密密钥 e 和解密密钥 d 满足

$$ed \equiv 1(\mathrm{mod}\,\varphi(N)), \quad N = pq,$$

故存在整数 k 使得

$$ed = k\varphi(N) + 1.$$

因此

$$\left| \frac{e}{\varphi(N)} - \frac{k}{d} \right| = \frac{1}{d\varphi(N)},$$

上式中 $\frac{1}{d\varphi(N)}$ 是很小的, 所以 $\frac{k}{d}$ 可以看作 $\frac{e}{\varphi(N)}$ 的有理渐近分数. 当 $p < q < 2p$ 且解密密钥 $d < \frac{1}{3}\sqrt[4]{N}$ 时, 可以在 $\frac{e}{\varphi(N)}$ 的有理渐近分数中搜索出正确的 $\frac{k}{d}$, 进而恢复解密密钥 d.

但是由于实际中不知道 $\varphi(N)$ 的值, 因此需要进行一定的变换调整, 由于

$$\varphi(N) = (p-1)(q-1) = N - p - q + 1,$$

因此可将 $ed = k\varphi(N) + 1$ 两边同除以 Nd 整理得到

$$\left| \frac{e}{N} - \frac{k}{d} \right| = \frac{k(p+q-1)-1}{Nd},$$

此时当 $d < \frac{1}{3}\sqrt[4]{N}$ 时, 可以在 $\frac{e}{N}$ 的有理渐近分数中搜索出正确的 $\frac{k}{d}$, 进而恢复解密密钥 d.

第 12 章

Elgamal 密码的分析方法

1985 年, Elgamal 提出了一种基于离散对数问题 (discrete logarithm problem, DLP) 的公钥密码体制 [9], 该密码是非确定性加密算法, 每次加密时选择不同的临时密钥, 因此即使相同的明文在不同会话加密后的密文也是不同的. 针对 Elgamal 密码的攻击方法主要是求解离散对数问题, 比如穷举搜索法、小步/大步方法等[8,29,34], 另外就是临时密钥重用攻击等一些特殊情况的分析方法.

12.1 离散对数问题算法

离散对数问题是一些著名密码系统的安全基础, 如果该问题可以在多项式时间内解决, 则 Elgamal 密码等离散对数类密码就可以在多项式时间内破解. 此外, 离散对数问题还有一些变型问题, 比如计算性 Diffie-Hellman(computational Diffie-Hellman, CDH) 问题、孪生 Diffie-Hellman(twin Diffie-Hellman, TDH) 问题等.

12.1.1 穷举搜索法

与整数分解的试除法类似, 求解离散对数问题最直接的方法就是计算出群中所有元素的方幂, 逐个比对, 直到找到满足条件的元素.

穷举搜索法的思路是对于给定的群 Z_p^* 中的生成元 g 和待求离散对数值的 g^x, 逐个计算 g^y 的值, 看是否有 $g^x = g^y$, 其中 $y = 0, 1, 2, \cdots$ 是群中所有元素.

显然, 这种方法对于较大的群是不可行的.

例 12.1.1 已知 Z_{13}^* 的生成元为 2, 求解 12 的离散对数值.

解 由条件可知是求解

$$2^x \equiv 12 (\mathrm{mod} 13).$$

利用穷举搜索法计算出所有的值进行比对

$$2^1 \equiv 2(\mathrm{mod} 13), \quad 2^2 \equiv 4(\mathrm{mod} 13), \quad 2^3 \equiv 8(\mathrm{mod} 13),$$

$$2^4 \equiv 3(\mathrm{mod} 13), \quad 2^5 \equiv 6(\mathrm{mod} 13), \quad 2^6 \equiv 12(\mathrm{mod} 13),$$

$$2^7 \equiv 11(\text{mod}13), \quad 2^8 \equiv 9(\text{mod}13), \quad 2^9 \equiv 5(\text{mod}13),$$

$$2^{10} \equiv 10(\text{mod}13), \quad 2^{11} \equiv 7(\text{mod}13), \quad 2^{12} \equiv 1(\text{mod}13).$$

显然可见 $x = 6$, 即 12 的离散对数值是 6.

12.1.2　小步/大步方法

小步/大步方法 (baby-step/giant-step method) 是由 Shanks 提出的, 该算法的思想是非常简单的, 对于同余方程 $a^x \equiv b(\text{mod}n)$, 求 x, 可设 $u = \lfloor \sqrt{n} \rfloor$, 如果 $a^{ut} = c = ba^r$, 则有 $a^{tu-r} = b$, 即 $x = tu - r$, 其中 $0 \leqslant t, r < u$.

算法 12.1.1　小步/大步算法

步骤 1　计算 $u = \lfloor \sqrt{n} \rfloor$.

步骤 2　计算第一个序列

$$L_1 = \{(b, 0), (ba, 1), (ba^2, 2), (ba^3, 3), \cdots, (ba^{u-1}, u-1)\}(\text{mod}n),$$

然后按照每对元素中的第一个由小到大排序所有的元素对.

步骤 3　计算对第二个序列

$$L_2 = \{(a^u, 1), (a^{2u}, 2), (a^{3u}, 3), \cdots, (a^{u^2}, u)\}(\text{mod}n),$$

然后按照每对元素中的第一个由小到大排序所有的元素对.

步骤 4　搜索两个列表 L_1 和 L_2 找到满足 $ba^r = a^{tu}$ 的元素对, 然后计算 $x = tu - r$.

例 12.1.2　计算离散对数

$$x = \log_2 17(\text{mod}29),$$

使得 $2^x \equiv 17(\text{mod}29)$.

解　根据小步/大步算法, 执行下列运算.

步骤 1　$b = 17$, $a = 2(\text{mod}29)$ 且 $n = 29, u = \lfloor \sqrt{29} \rfloor = 5$.

步骤 2　计算小步

$$L_1 = \{(b, 0), (ba, 1), (ba^2, 2), (ba^3, 3), (ba^4, 4)\}(\text{mod}29)$$
$$= \{(17, 0), (17 \cdot 2, 1), (17 \cdot 2^2, 2), (17 \cdot 2^3, 3), (17 \cdot 2^4, 4)\}(\text{mod}29)$$
$$= \{(17, 0), (5, 1), (10, 2), (20, 3), (11, 4)\}$$
$$= \{(5, 1), (10, 2), (11, 4), (17, 0), (20, 3)\}.$$

步骤 3　计算大步

$$L_2 = \{(a^u, u), (a^{2u}, 2u), (a^{3u}, 3u), (a^{4u}, 4u), (a^{5u}, 5u)\}(\text{mod}29)$$
$$= \{(2^4, 5), (2^8, 10), (2^{12}, 15), (2^{16}, 20), (2^{16}, 25)\}(\text{mod}29)$$
$$= \{(3, 5), (9, 10), (27, 15), (23, 20), (11, 25)\}$$
$$= \{(3, 5), (9, 10), (11, 25), (23, 20), (27, 15)\}.$$

步骤 4 11 是两个列表中对首个元素的共同值, 对应的第二个元素 $r = 4, t = 5$, 因此 $x = tu - r = 25 - 4 = 21$, 也就是 $\log_2 17 (\mathrm{mod}\, 29) = 21$.

12.1.3 Pollard ρ 方法

1978 年, Pollard 提出了一种随机化方法用于计算离散对数, 称为 Pollard rho 或 Pollard ρ 方法.

如果 $G = \langle g \rangle$ 是一个有限循环群, 且 $y \in G$, 则 Pollard ρ 计算离散对数的算法分为三个步骤.

算法 12.1.2 Pollard ρ 算法

步骤 1 将 $G = \langle g \rangle$ 分为三个大小几乎相等的不相交子集 G_1, G_2, G_3 且单位元 $1 \notin G_2$.

步骤 2 以下面方式确定两个整数 s, t, 使得 $y^s = g^t$, 生成由 $x_0 = 1$ 开始的归约序列

$$x_{i+1} = yx_i, \quad \text{如果} x_i \in G_1,$$

$$x_{i+1} = x_i^2, \quad \text{如果} x_i \in G_2,$$

$$x_{i+1} = gx_i, \quad \text{如果} x_i \in G_3,$$

则有 $x_1 \in \{y, g\}, x_2 \in \{y^2, yg, g^2\}$, 全体都具有形式 $x_i = y^{\alpha_i} g^{\beta_i}$, 其中 α_i, β_i 都是非负整数. 因为 G 是有限群, 因此存在 $i, j (i < j)$ 使得 $x_i = x_j$, 即 $y^{\alpha_i} g^{\beta_i} = y^{\alpha_j} g^{\beta_j}$. 设 $s = \alpha_j - \alpha_i$、$t = \beta_i - \beta_j$, 即得到了需要的整数.

步骤 3 现在求离散对数 $x = \log_g y$. 设 s, t 是步骤 2 中得到的整数, 则

$$g^t = y^s = g^{xs}, \quad \text{其中} y = g^x.$$

因此, $sx \equiv t \,(\mathrm{mod}\, N)$, 其中 N 是群的阶, 即 x 是一次同余式的一个解. 假设 $d = \gcd(s, N)$, 同余式

$$\frac{s}{d} x \equiv \frac{t}{d} \left(\mathrm{mod}\, \frac{N}{d} \right)$$

的解为 v, 则

$$x = v + \frac{kN}{d}, \quad k = 0, 1, \cdots, d - 1,$$

通过比较

$$g^{v + \frac{kN}{d}}, \quad k = 0, 1, \cdots, d - 1 \text{和} y,$$

可以确定离散对数 $x = \log_g y$.

例 12.1.3 已知 $g = 2$ 是群 $G = Z_{25}^*$ 的生成元, 群 G 的阶为 $|G| = 20$, 群 G 的一个三子集划分为 $G_1 = \{1, 2, 3, 4, 6, 7, 8\}, G_2 = \{9, 11, 12, 13, 14, 16, 17\}, G_3 = \{18, 19, 21, 22, 23, 24\}$, 计算离散对数 $\log_2 17$.

解 已知 $g = 2, y = 17$, 由 $x_0 = 1$ 开始计算归约序列

$$x_0 = 1, \quad x_1 = yx_0 = 17, \quad x_2 = x_1^2 = 17^2 = 14 (\mathrm{mod}\, 25),$$

$$x_3 = x_2^2 = 14^2 = 21 (\mathrm{mod}\, 25), \quad x_4 = gx_3 = 2 \cdot 21 = 17 (\mathrm{mod}\, 25).$$

此时, $x_1 = x_4$, 即 $y = g \cdot y^4$, 计算可知 $\alpha_1 = 1, \alpha_2 = 4, \beta_1 = 0, \beta_2 = 1$, 从而可令 $s = 3, t = -1$. 进而

$$g^t = y^s = g^{xs}, \quad 即 2^{-1} = 2^{3x}(\mathrm{mod}\, 25),$$

也就是求解 $3x = -1(\mathrm{mod}\, 20)$, 解得 $x = 13$, 且容易验证 $\log_2 17 = 13(\mathrm{mod}\, 25)$.

12.1.4 Pohlig-Hellman 方法

1978 年, Pohlig 和 Hellman 提出的一种重要的离散对数计算方法, 可将合数阶循环群的离散对数问题转化为素数阶循环群的离散对数问题进行求解, 现称为 Pohlig-Hellman 方法.

群 Z_q^* 中求 $a^x = b$ 的解 x, 若 q 是素数, 则群 Z_q^* 的阶为 $q - 1$, 如果知道阶的素分解 $q - 1 = \prod_{i=1}^{k} p_1^{\alpha_1} p_2^{\alpha_2} \cdots p_k^{\alpha_k}$, 则可通过计算 $a_i^{x_i} = b_i, i \in \{1, 2, \cdots, k\}$, 并利用中国剩余定理进行最终的求解.

算法 12.1.3 具体的 Pohlig-Hellman 算法

步骤 1 分解 $q - 1$ 为素数乘积形式

$$q - 1 = \prod_{i=1}^{k} p_1^{\alpha_1} p_2^{\alpha_2} \cdots p_k^{\alpha_k}.$$

步骤 2 对 $i \in \{1, 2, \cdots, k\}$, 计算

$$a_i = a^{\frac{q-1}{p_i^{\alpha_i}}}, \quad b_i = b^{\frac{q-1}{p_i^{\alpha_i}}}.$$

步骤 3 求满足 $a_i^{x_i} = b_i$ 的解 $x_i \in \{0, 1, \cdots, p_i^{\alpha_i} - 1\}$.

步骤 4 使用中国剩余定理求解同余式组 $x \equiv x_i(\mathrm{mod}\, p_i^{\alpha_i})$, 其中 $i \in \{1, 2, \cdots, k\}$.

步骤 5 唯一解 x 就是满足 $a^x = b$ 的解.

例 12.1.4 已知群 Z_{31}^* 的一个生成元 $a = 3$, 求解 $a^x = 26$.

解 群 Z_{31}^* 的阶的分解为 $q = 30 = 2 \cdot 3 \cdot 5$, 计算

$$a_1 = 3^{\frac{30}{2}} = 3^{15} \equiv 30(\mathrm{mod}\, 31),$$
$$a_2 = 3^{\frac{30}{3}} = 3^{10} \equiv 25(\mathrm{mod}\, 31),$$
$$a_3 = 3^{\frac{30}{5}} = 3^6 \equiv 16(\mathrm{mod}\, 31);$$
$$b_1 = 26^{\frac{30}{2}} = 26^{15} \equiv 30(\mathrm{mod}\, 31),$$
$$b_2 = 26^{\frac{30}{3}} = 26^{10} \equiv 5(\mathrm{mod}\, 31),$$
$$b_3 = 26^{\frac{30}{5}} = 26^6 \equiv 1(\mathrm{mod}\, 31).$$

再求解 $a_i^{x_i} = b_i$ $(i = 1, 2, 3)$, 因为 $30, 25, 16$ 在群 Z_{31}^* 中的阶分别为 $2, 3, 5$, 所以可解得

$$x_1 \equiv 1(\mathrm{mod}\, 2), \quad x_2 \equiv 2(\mathrm{mod}\, 3), \quad x_2 \equiv 0(\mathrm{mod}\, 5).$$

然后, 利用中国剩余定理求解同余方程组

$$x \equiv 1(\mathrm{mod}2), \quad x \equiv 2(\mathrm{mod}3), \quad x \equiv 0(\mathrm{mod}5),$$

得

$$x \equiv 5(\mathrm{mod}30),$$

故

$$3^5 \equiv 26(\mathrm{mod}31).$$

本小节介绍的 Pohlig-Hellman 方法在步骤 3 进行了一定的简化, 主要是为了更容易理解该方法的思想, 关于算法更为详细的信息可以参看文献 [29] 和 [34].

12.1.5 Index-Calculus 方法

1922 年, Kraitchik 提出了 Index-Calculus 方法 [35], 该算法是一种亚指数时间的离散对数计算方法.

算法 12.1.4 Index-Calculus 方法计算离散对数 $x = \log_a b$

步骤 1 选择一个前 m 个素数构成的分解基 $\Gamma = \{p_1, p_2, \cdots, p_m\}$, 分解基的界 $p_m \leqslant B$.

步骤 2 找到一组指数 $x_1, x_2, \cdots, x_l \in Z_{p-1}$, 其中 $l \geqslant m$, 满足 $a_i \equiv a^{x_i}(\mathrm{mod}p)$ 是 B 平滑的, 并将它分解为素数幂的乘积, 即

$$a^{x_1} \equiv \prod_{i=1}^m p_i^{e_{1,i}}(\mathrm{mod}p), \cdots, a^{x_l} \equiv \prod_{i=1}^m p_i^{e_{l,i}}(\mathrm{mod}p),$$

转化为离散对数表示的方程如下:

$$x_1 \equiv \sum_{i=1}^m e_{1,i} \cdot \log_a p_i(\mathrm{mod}p-1), \cdots, x_l \equiv \sum_{i=1}^m e_{l,i} \cdot \log_a p_i(\mathrm{mod}p-1),$$

其中只有 $\{\log_a p_i\}_{i=1}^m$ 是未知的, 需要求解.

步骤 3 给定需要计算的离散对数 $x = \log_a b$, 寻找满足 $a^y \cdot b(\mathrm{mod}p)$ 是 B 平滑的 $y \in Z_{p-1}$, 即

$$a^y b \equiv \prod_{i=1}^m p_i^{e_i}(\mathrm{mod}p),$$

进而

$$y + x \equiv \sum_{i=1}^m e_i \cdot \log_a p_i(\mathrm{mod}(p-1)),$$

与步骤 2 中方程组联立, 可求解 $m+1$ 个未知量 $\{\log_a p_i\}_{i=1}^m$ 和 x.

例 12.1.5 计算离散对数 $x \equiv \log_5 8(\mathrm{mod}23)$.

解 选择前 3 个素数构成的分解基 $\Gamma = \{2,3,5\}$, 计算

$$5^3 \equiv 125 \equiv 2 \cdot 5 (\mathrm{mod}23), \quad 5^4 \equiv 25^2 \equiv 2^2 (\mathrm{mod}23), \quad 5^5 \equiv 2^2 \cdot 5 (\mathrm{mod}23),$$

得到

$$3 \equiv \log_5 2 + \log_5 5 (\mathrm{mod}22),$$

$$4 \equiv 2\log_5 2 (\mathrm{mod}22), \tag{12.1.1}$$

$$5 \equiv 2\log_5 2 + \log_5 5 (\mathrm{mod}22).$$

另外, 在计算 $5^2 \cdot 8 \equiv 200 \equiv 2^4 (\mathrm{mod}23)$, 即

$$2\log_5 5 + \log_5 8 \equiv 4\log_5 2 (\mathrm{mod}22),$$

而由方程 (12.1.1) 可知 $\log_5 2 \equiv 2 (\mathrm{mod}22)$, 代入上式可得

$$\log_5 8 \equiv 6 (\mathrm{mod}22),$$

即

$$5^6 \equiv 8 (\mathrm{mod}23).$$

12.2 重用临时参数攻击

Elgamal 密码中用户 A 拥有自己的长期公私钥对 (a, g^a), 用户 B 每次用 A 的公钥对明文消息加密时还会随机选择临时参数 k, 并将 (g^k, Mg^{ak}) 发送给用户 A, 然后用户 A 利用自己的私钥进行解密, 不过如果这个过程中用户 B 在多次加密中使用了相同临时参数值, 则会给攻击者提供攻击的机会.

例 12.2.1 假定 B 已经使用相同的临时参数值 k 发送了两条不同的明文消息 M_1, M_2 给 A, 假定攻击者是与 A 共事的同事, 并已经知道了消息 M_1. 攻击者现在非常想知道 A 不想让他知道的消息 M_2.

解 假定攻击者知道 $g, p, M_1, C_1 = (g^k, M_1 g^{ak})$, 并已经截获密文 $C_2 = (g^k, M_2 g^{ak})$, 则现在攻击者不需要解决离散对数问题, 只需要通过下面的简单方式就可以计算出明文

$$M_2 = (M_2 g^{ak}) M_1 (M_1 g^{ak})^{-1} (\mathrm{mod}p).$$

这种攻击表明对于 Elgamal 密码体制而言, 每次加密时一定要重新选择不同的临时参数值.

第 13 章

椭圆曲线密码的分析方法

椭圆曲线 (elliptic curve) 是代数几何中一类重要的曲线, 国内外学者对椭圆曲线已经开展了 100 多年的研究, 关于这方面有大量的文献. 本章首先简要介绍椭圆曲线密码基本情况, 然后给出几种椭圆曲线上离散对数的计算方法.

13.1　椭圆曲线密码简介

1985 年, Koblitz 和 Miller 分别独立地提出了椭圆曲线密码系统 (elliptic curve cryptography, ECC), 该密码系统可以看作是一种扩展的 Elgamal 密码系统, 其中有限循环群是椭圆曲线上的点构成的群. 与 RSA 密码或者 Elgamal 密码系统相比, 椭圆曲线密码系统的优点主要表现在密钥和密文长度较小、实现速度较快.

简单说来, 椭圆曲线是满足一个方程的点集, 该方程含有 y 的二次项和 x 的三次项. 椭圆曲线方程的一般形式为

$$ax^3 + bx^2y + cx^2 + dxy^2 + exy + fx + gy^3 + hy^2 + iy + j = 0,$$

上式中 (x, y) 是曲线上点的坐标, 可以取自不同的域 (有理数域、实数域、复数域或有限域), 系数 $a, b, \cdots, j$ 取相同域中的元素. 此外, 还存在一个额外的点, 称为无穷远点, 记为 ∞.

密码学上的应用一般选择简便的方程形式, 常常使用的椭圆曲线方程是简化的魏尔斯特拉斯 (Weierstrass) 形式

$$y^2 = x^3 + ax + b,$$

并不是所有域上的椭圆曲线都能表示成这种形式, 但是这种简化形式包含了很大一部分椭圆曲线. 此外, 一条曲线 $E : y^2 = x^3 + ax + b$ 称为非奇异的, 如果它的判别式 $\Delta(E) = -16(4a^3 + 27b^2) \neq 0$.

例 13.1.1　$P = (1, 5)$ 是否为满足 $E(F_{23})$ 上椭圆曲线 $y^2 = x^3 + x$ 的点? 可以找出椭圆曲线上其他的点.

解 将 1 代入计算

$$y^2 = 1^3 + 1 = 2 \equiv 25 \equiv 5^2 (\text{mod} 23),$$

因此 $P = (1,5)$ 是满足椭圆曲线的点.

例 13.1.2 给定 $E(F_7)$ 上椭圆曲线 $y^2 = x^3 + 2x + 3$ 的点 $P = (3,1)$, 则 $-P = (3,-1) = (3,6)$.

定义 13.1 如果 $P = (x_P, y_P)$ 和 $Q = (x_Q, y_Q)$ 是模素数 p 上两个不同的点, 满足 P 不是 $-Q$, 则定义 $P + Q = R = (x_R, y_R)$, 其中

$$x_R = s^2 - x_P - x_Q (\text{mod} p),$$
$$y_R = -y_P + s(x_P - x_R)(\text{mod} p),$$
$$s = (y_P - y_Q)/(x_P - x_Q)(\text{mod} p).$$

例 13.1.3 给定 $E(F_{73})$ 上椭圆曲线 $y^2 = x^3 + 59x + 17$ 的点 $P = (1,2), Q = (4,5)$, 计算 $P + Q$.

解 由于 $s = 1$, 因此

$$P + Q = (1,2) + (4,5) = (1^2 - 1 - 4, -2 + 1 \cdot (1+4)) = (-4,3) = (69,3).$$

定义 13.2 如果 $P = (x_P, y_P)$ 且 $y_P \neq 0$, 则定义 $2P = R = (x_R, y_R)$, 其中

$$x_R = s^2 - 2x_P (\text{mod} p),$$
$$y_R = -y_P + s(x_P - x_R)(\text{mod} p),$$
$$s = (3x_P^2 + a)/(2y_P)(\text{mod} p).$$

例 13.1.4 给定 $E(F_{73})$ 上椭圆曲线 $y^2 = x^3 + 59x + 17$ 的点 $P = (1,2)$, 计算 $2P$.

解 由于 $s = 37 \cdot 31 = 1147 \equiv 52(\text{mod} 73)$, 因此

$$2P = (52^2 - 2 \cdot 1, -2 + 52(1-1)) = (1,-2) = (1,71).$$

下面, 简要介绍椭圆曲线上的 Elgamal 密码体制.

设 E 为有限域 F_q 上的椭圆曲线群, $E(F_q)$ 的阶 $\#(E(F_q))$ 满足 $|q + 1 - \#(E(F_q))| \leqslant 2\sqrt{q}$, $P \in E(F_q)$, P 的阶为大素数 n, $q \in \{p, 2^{\tau}\}$, 其中 p 是素数、 τ 是素数, 用户 A 的私钥为 $d_a \in Z_n$, 公钥为 $Q_a = d_a P$. 若用户 B 想发送明文 m 给用户 A, 则执行下列步骤:

(1)B 首先将明文消息 m 表示为点 $M \in E(F_q)$, 然后随机选择 $k \in Z_n$;

(2) B 计算 $C_1 = kP, C_2 = M + kQ_a$;

(3) B 发送密文 $C = (C_1, C_2)$ 给 A;

(4) 用户 A 收到密文 C 后, 利用自己的私钥 d_a, 计算 $M = C_2 - d_a C_1$, 然后由点 M 得到明文 m.

13.2 椭圆曲线上离散对数计算方法

椭圆曲线密码体制的安全性取决于椭圆曲线离散对数问题 (elliptic curve discrete logarithm problem, ECDLP) 的难解性. 对于椭圆曲线离散对数问题, 虽有指数级的算法, 例如穷举搜索法、小步/大步方法等[36-37], 但是目前还不存在有效的快速算法来解决这一问题, 这也是椭圆曲线类密码体制的安全基础.

ECDLP 问题是指: 给定椭圆曲线 E, 以及其上的基点 P 和 P 的一个标量乘 Q, 来确定一个满足 $Q = kP$ 的正整数 k.

13.2.1 穷举搜索法

椭圆曲线上离散对数问题的最为直接解决办法就是穷举搜索基点 P 的所有倍点, 然后与所求的点逐个比对, 找到匹配的倍点时, 也就给出了正确的解.

例 13.2.1 给定 $E(F_{23})$ 上椭圆曲线 $y^2 = x^3 + 2x + 1$ 的基点 $P = (16, 5)$, 求满足 $Q = kP$ 的正整数 k, 其中 $Q = (4, 5)$.

解 逐次增大计算基点 $P = (16, 5)$ 的倍点, 得到

$$P = (16, 5), \quad 2P = (20, 20), \quad 3P = (14, 14), \quad 4P = (19, 20), \quad 5P = (13, 10),$$

$$6P = (7, 3), \quad 7P = (8, 7), \quad 8P = (12, 17), \quad 9P = (4, 5).$$

由此, 可知 $9P = (4, 5) = Q$, 即 $k = 9$.

显然, 穷举搜索法对于点 P 的阶和 k 比较大的情况是不实用的.

13.2.2 小步/大步方法

椭圆曲线上离散对数的小步/大步方法与之前介绍过的一般离散对数求解的小步/大步方法相似, 其具体的算法描述如下.

算法 13.2.1 椭圆曲线上离散对数的小步/大步方法

步骤 1 E 为有限域 F_q 上的椭圆曲线群, $E(F_q)$ 的阶为 $\#(E(F_q))$, 计算 $u = \lfloor \sqrt{q} \rfloor$ 和 uP.

步骤 2 对 $0 \leqslant i < u$ 计算 iP.

步骤 3 对 $0 \leqslant j < u$ 计算 $Q - juP$, 直到找到一个与步骤 2 中匹配的点.

步骤 4 如果 $iP = Q - juP$, 则找到满足 $Q = kP$ 的 $k = i + ju \pmod{q}$.

例 13.2.2 给定 $E(F_{41})$ 上椭圆曲线 $y^2 = x^3 + 2x + 1$ 的点 $P = (0, 1)$, $Q = (30, 40)$, 求满足 $Q = kP$ 的正整数 k.

解 由椭圆曲线阶的计算可知 $E(F_{41})$ 的阶至多为 54, 因此可令 $u = \lfloor \sqrt{54} \rfloor = 8$.

对 $0 \leqslant i < 8$ 计算 iP, 得到

$$(0,1), \quad (1,39), \quad (8,23), \quad (38,38)(23,23)(20,28), \quad (26,9),$$

再对 $j = 0, 1, 2, \cdots$ 计算 $Q - juP$, 得到

$$(30,40), \quad (9,25), \quad (26,9),$$

由于当 $j = 2$ 时产生了匹配, 因此不需要再计算下去, 此时

$$Q = (30,40) = (7 + 2 \cdot 8)P = 23P,$$

即 $k = 23$.

13.2.3　Pollard ρ 方法

Pollard ρ 方法是到目前为止求解一般椭圆曲线上离散对数问题最快的算法, 该算法的思路是要找到一个满足 $Q = kP$ 的正整数 k, 其中 P 的阶是 n, 首先找到不同的对 (a_i, b_i) 和 (a_j, b_j), 使得 $a_iP + b_iQ = a_jP + b_jQ$, 进而得到

$$(a_i - a_j)P = (b_j - b_i)Q = (b_j - b_i)kP,$$

因此, 有 $(a_i - a_j) \equiv (b_j - b_i)k(\mathrm{mod}\, n)$, 即 $k \equiv (a_i - a_j)(b_j - b_i)^{-1}(\mathrm{mod}\, n)$.

椭圆曲线上离散对数问题的 Pollard ρ 方法具体步骤如下.

算法 13.2.2　椭圆曲线上离散对数问题的 Pollard ρ 方法

步骤 1　E 为有限域 F_q 上的椭圆曲线群, $P \in E$, P 的阶为 n, 点 $Q \in \langle P \rangle$, 求满足 $Q = kP$ 的正整数 k.

步骤 2　函数 $f_1 : \langle P \rangle \to \{1, 2, \cdots, u\}$, 其中 u 是一个正整数.

步骤 3　对 $i = 1, 2, \cdots, u$, 随机选择正整数 a_i, b_i 计算

$$M_i = a_iP + b_iQ.$$

步骤 4　随机选择正整数 a_0, b_0, 计算初始点

$$X_0 = a_0P + b_0Q.$$

步骤 5　定义迭代函数 $f_3 : \langle P \rangle \to \langle P \rangle$, 对于 $X \in \langle P \rangle$ 有

$$f_2(X) = X + M_j, \quad X_l = f_2(X_{l-1}), \quad \text{其中} f_1(X) = j, \ l \geqslant 1.$$

步骤 6　若能找到匹配的点 $X_{l_u} = X_{l_v}$, $l_u \neq l_v$, 则可解得

$$k \equiv (a_{l_u} - a_{l_v})(b_{l_v} - b_{l_u})^{-1}(\mathrm{mod}\, n),$$

其中 $X_{l_u} = a_{l_u}P + b_{l_u}Q$, $X_{l_v} = a_{l_v}P + b_{l_v}Q$.

第 14 章

NTRU 密码的分析方法

NTRU[16] 是一种快速的公钥密码体制, 其运算操作在多项式环 $Z[X]/(X^N - 1)$ 上运行. 基于 NTRU 可以构造公钥加密、数字签名等多种公钥密码系统. 相比 RSA 等传统公钥密码体制, NTRU 的优势之一是尚未发现多项式时间内可以破解它的量子算法. 这种抗量子性质使其成为当前公钥密码研究的重要课题之一.

目前对 NTRU 最有效的攻击是基于格进行的, 此类方法将 NTRU 转化至格上最短向量问题, 继而使用格基约化算法求解出密钥. 到目前为止, 已有大量研究讨论 NTRU 的格攻击, 包括格构造分析、求解算法改进等多方面优化.

本节介绍 NTRU 方案基本概念, 并着重介绍 NTRU 的格攻击方法, 包括 NTRU 格构造、问题转化和求解算法, 同时介绍特殊情况下的攻击方法.

14.1 NTRU 密码简介

NTRU 的主要处理对象是环 $Z_q[X]/(X^N - 1)$ 中的多项式, 其中 N 是公开参数. 另外的公开参数包括互素模数 p, q, 且需要 p 远小于 q. 密钥 f, g, 消息 m 和随机变量 Φ 均为多项式, 定义域分别为 S_f, S_g, S_m 与 S_φ. 在加密过程中, 需要设置 S_f, S_g, S_m 与 S_φ 使其中多项式的系数尽量小, 从而欧几里得长度也较小. NTRU 公钥加解密的算法流程如算法 14.1.1.

例 14.1.1 考虑一个 7 维 NTRU, 令 $N = 7$, $q = 512$, $p = 3$. 已知私钥 $f = x^6 - x^5 + 1$, $g = x^6 - x^5 + x^2 - 1$, 公钥 $h = 35x^6 + 300x^5 + 247x^4 + 53x^3 + 195x^2 + 370x + 336$. 定义随机多项式 $\Phi = x^6 + x^5 + x + 1$, 消息 $m = x^4 - x^3 + x^2 + x - 1$, 对 m 加密并解密验证.

解 密文可计算为

$$e \equiv m + p\Phi \cdot h$$

$$\equiv 51x^6 + 194x^5 + 370x^4 + 336x^3 + 36x^2 + 303x + 247 \pmod{q}.$$

解密过程如下:

$$f \cdot e \equiv 11x^6 - 8x^5 + x^4 + 8x^2 + 3x + 8 \pmod{q},$$

$$8 + 3x + 8x^2 + x^4 - 8x^5 + 11x^6 \equiv x^6 + x^5 + x^4 + 2x^2 + 2 \pmod{3},$$

$$f_3^{-1} \cdot \left(x^6 + x^5 + x^4 + 2x^2 + 2\right) \equiv x^4 - x^3 + x^2 + x - 1 \pmod{3}.$$

算法 14.1.1   NTRU 公钥加解密的算法

密钥生成   随机选取多项式 $f \in S_f$, $g \in S_g$ 作为私钥, 计算 f_q^{-1} 和公钥

$$h \equiv f_q^{-1} \cdot g \pmod{q}.$$

加密   随机选取 $\Phi \in S_\Phi$, 计算密文

$$e \equiv m + p\,\Phi \cdot h \pmod{q}.$$

解密   计算
$$f \cdot e \equiv f \cdot m + p\,\Phi \cdot f \cdot h \equiv f \cdot m + p\Phi \cdot g \pmod{q},$$
其中 f, g, m 和 Φ 的多项式系数相对 q 非常小, 则以高概率可得
$$f \cdot m + p\Phi \cdot g \pmod{q} = f \cdot m + p\Phi \cdot g,$$
即模 q 同余方程在整数环中仍成立, 这是因为 $f \cdot m + p\Phi \cdot g$ 的系数以高概率在 $(-q/2, q/2]$ 区间中. 进一步模 p 处理, 可得
$$f \cdot m + p\Phi \cdot g \equiv f \cdot m \pmod{p},$$
继续乘 f_p^{-1} 即可解密消息 $f_p^{-1} \cdot f \cdot m \equiv m \pmod{p}$.

14.2   NTRU 的格攻击

对 NTRU 公钥密码体制的一种重要攻击是基于格的 [17], 在已知 f, g 系数较小的情况下, 可以只使用公钥 h 达到密钥恢复的效果. 下面简要介绍攻击基本思路.

根据公钥定义, 可知 $f \cdot h \equiv g \pmod{q}$, 但由此仍不足以求得 f. 这是因为满足 $u \cdot h \equiv v \pmod{q}$ 的多项式对 $u, v \in Z_q^N$ 构成一个 q^N 阶群. 在此基础上, 需要结合 S_f, S_g 的知识构造攻击.

在加密过程中, 通常将 f, g 的系数值设置为 $-1, 0, 1$, 以保证解密可以成功. 因此, f 和 g 的长度相比 Z_q^N 中随机多项式的长度特别短. 对任意的随机多项式 h, 几乎不可能有比 (f, g) 更短的向量对 u, v 满足 $u \cdot h \equiv v \pmod{q}$. 故可以假设, 当 (f, g) 以向量形式表示, 则其为所有 (u, v) 对中最短向量. 若此假设成立, 则需要解决的问题即为如何在所有 (u, v) 对中找到最短的向量. 为处理此问题, 需要使用格的方法.

14.2.1   格基本知识简介

格是 R^n 的离散加法子群, Z^n 即为格的一个实例. 前述 NTRU 攻击中 (u, v) 构成的集合也构成一个格. 可以更具体地描述为, 格 L 含有 m 个线性无关向量

$B = \{b_0, b_1, \cdots, b_{m-1}\}$ ($b_i \in \mathbf{R}^n$) 的所有整系数线性组合. 称 m 为格 L 的维数, B 为格的基. 格基 B 可以表示为一个 $m \times n$ 矩阵, 其第 i 行即为基向量 b_i. 对 NTRU 问题, 构造的格均满足 $m = n$, 称为满秩格.

本小节所使用的攻击依赖格上最短向量的求解. 对格 L 中向量 $v = [v_1, v_2, \cdots, v_n]$, 称 $||v|| = (v_1^2 + v_2^2 + \cdots + v_n^2)^{1/2}$ 为向量的欧几里得范数, 又称为向量 v 的长度. 格上最短向量问题要求寻找最短的非零格向量, 即满足 $||v|| = \min\{||b|| : b \in L \backslash \{0\}\}$ 的向量 v. 通常使用 LLL、BKZ 等格基约化算法在较小维数下求解最短向量问题.

LLL 算法 [38] 是一种常用的格基约化算法, 可以在多项式量级时间复杂度内约化 m 维格, 输出一个长度在最短向量 $2^{(m-1)/2}$ 倍以内的基向量. 在 LLL 基础上也可使用时间复杂度更高但输出性质更优的 BKZ 约化算法 [39] 等.

LLL 约化算法基本步骤如下:

算法 14.2.1 LLL 约化算法

步骤 1 令 i 从 2 递增至 m, 对每个 i 运行步骤 2 至步骤 5.

步骤 2 计算施密特正交化系数 u_{ij} 和 $||b_j^*||^2$, $j = 1, 2, \cdots, i-1$.

步骤 3 令 j 从 1 递增至 $i-1$, 运行步骤 4.

步骤 4 如果 $|u_{ij}| > 1/2$, 则令 $u_{ij} = \lceil u_{ij} - 1/2 \rceil$; 否则令 $u_{ij} = 0$.

步骤 5 计算 $b_i = b_i - \sum_{j=1}^{i-1} u_{ij} b_j$; 如果 $\delta ||b_{i-1}^*||^2 \leqslant ||b_i^*||^2 + u_{i,i-1}^2 ||b_{i-1}^*||^2$, 则交换 b_i 和 b_{i-1}, $i = \max(i-1, 2)$; 否则 $i = i + 1$.

步骤 6 输出 $b_1, b_2, \cdots, b_m$ 作为一组 LLL 约化基.

14.2.2 NTRU 格构造

基于 NTRU 公钥密码体制可以构造格矩阵, 并通过求其中的最短向量实现密钥恢复, 将所有满足 $u \cdot h \equiv v (\bmod q)$ 的 (u, v) 定义为一个格, 其格基可以表示为

$$L_{CS} = \begin{bmatrix} I_N & H \\ 0 & qI_N \end{bmatrix},$$

其中 H 是公钥 h 的循环转移矩阵. 若 h 的向量形式为 $h = [h_{N-1}, \cdots, h_1, h_0]$, 则

$$H = \begin{bmatrix} h_0 & h_{N-1} & \dots & h_1 \\ h_1 & h_0 & \dots & h_2 \\ \vdots & \vdots & \ddots & \vdots \\ h_{N-1} & h_{N-2} & \dots & h_0 \end{bmatrix}.$$

可以验证将 u 与 H 相乘并模 q 可得

$$uH \equiv v \pmod q.$$

故所有满足 $u \cdot h \equiv v \pmod q$ 的向量 $(u, v) \in Z^{2N}$ 均在 L_{CS} 生成的格中. 所求私钥 (f, g) 也是格上一个向量. 根据对 NTRU 的分析, (f, g) 是格中最短向量. 因此, 恢复 NTRU 私钥可转化为求解 L_{CS} 生成格中的最短向量. 在实际求解中, 可以使用 LLL 或 BKZ 算法找到目标向量 (f, g).

例 14.2.1 考虑一个 5 维 NTRU, 令 $N = 5, q = 512$. 已知公钥 $h = 419x^4 + 232x^3 + 186x^2 + 47x + 140$, 求一组私钥.

解 根据 NTRU 格攻击方法, 构造格基

$$L_{CS} = \begin{bmatrix} 1 & & & & & 140 & 419 & 232 & 186 & 47 \\ & 1 & & & & 47 & 140 & 419 & 232 & 186 \\ & & 1 & & & 186 & 47 & 140 & 419 & 232 \\ & & & 1 & & 232 & 186 & 47 & 140 & 419 \\ & & & & 1 & 419 & 232 & 186 & 47 & 140 \\ & & & & & 512 & & & & \\ & & & & & & 512 & & & \\ & & & & & & & 512 & & \\ & & & & & & & & 512 & \\ & & & & & & & & & 512 \end{bmatrix}.$$

通过在 L_{CS} 上运行 LLL 格基约化算法, 可以得到格中短向量

$$[1, 0, 0, -1, -1, 1, 0, 0, 0, 1] \cdot L_{CS} = [1, 0, 0, -1, -1, 1, 1, -1, -1, 0] = (f, g).$$

因此, 该 NTRU 实例有私钥 $f = x^4 - x - 1$, $g = x^4 + x^3 - x^2 - x$.

在使用格方法求目标向量过程中, 需要注意, (f, g) 的 N 个循环移位向量 $(f \cdot x^i, g \cdot x^i)$ 也是格中向量. 例如例 14.2.1 中, 可验证 $(f \cdot x, g \cdot x) = [0, 0, -1, -1, 1, 1, -1, -1, 0, 1]$ 是格 L_{CS} 中一个向量. 这样生成的向量长度与 (f, g) 相等, 且从任意一组 $(f \cdot x^i, g \cdot x^i)$ 可以通过移位得到原多项式对 (f, g). 因此, 求得任意一个循环移位向量 $(f \cdot x^i, g \cdot x^i)$ 即可恢复私钥.

14.3 对特殊 N 的格攻击

本节介绍 NTRU 格攻击的一种特殊情况, 即 N 是合数的情况 [40]. 一般情况下, 对 NTRU 格攻击的不足是生成格的维数 $2N$ 较大. 对于较大规模的 NTRU

格, LLL 等格基约化算法很难求出需要的 (f, g) 向量. 为了加速加解密计算, 可以将 N 设置为 2^n 形式. 针对 N 是合数的情况, 可以构造新形式的维数降低的格, 使得 NTRU 的攻击更容易实现.

攻击的主要方法是将多项式折叠, 即映射至 $Z[X]/(X^d - 1)$ 中, 由此将所求多项式次数从 N 降低至 d, 其中 d 是 N 的因数. 根据 NTRU 的结构, 可以构造同态映射. 令 N 是合数, d 是其非平凡因数, 则以下映射

$$\theta : Z[X]/\left(X^N - 1\right) \to Z[X]/\left(X^d - 1\right),$$

$$f \mapsto f_d \equiv f \left(\bmod x^d - 1\right)$$

是环同态. 证明过程如下:

令 f_d, g_d, h_d 表示 f, g, h 映射至 $Z[X]/(X^d - 1)$ 后的多项式

$$f_d \equiv f(\bmod x^d - 1), \ g_d \equiv g(\bmod x^d - 1), \ h_d \equiv h(\bmod x^d - 1).$$

f_d 的系数可以表示为

$$f_d = (f_{d,d-1}, \cdots, f_{d,1}, f_{d,0}) = \left(\sum_{\substack{i=d-1 \bmod d}}^{0 \leqslant i < N} f_i, \cdots, \sum_{\substack{i=1 \bmod d}}^{0 \leqslant i < N} f_i, \sum_{\substack{i=0 \bmod d}}^{0 \leqslant i < N} f_i \right).$$

同样可以计算 g_d 的系数

$$g_{d,k} = \sum_{\substack{i=k \bmod d}}^{0 \leqslant i < N} g_i = \sum_{\substack{i=k \bmod d}}^{0 \leqslant i < N} \left(\sum_{\substack{x+y=i \bmod d}}^{0 \leqslant x,y < N} f_x h_y \right) = \sum_{\substack{x+y=k \bmod d}}^{0 \leqslant x,y < N} f_x h_y$$

$$= \sum_{\substack{v+w=k \bmod d}}^{0 \leqslant v,w < d} \left(\sum_{\substack{x=v \bmod d}}^{0 \leqslant x < N} f_x \sum_{\substack{y=w \bmod d}}^{0 \leqslant y < N} h_y \right) = \sum_{\substack{v+w=k \bmod d}}^{0 \leqslant v,w < d} f_{d,v} h_{d,w}.$$

由此得到 $f_d \cdot h_d \equiv g_d(\bmod x^d - 1)$, 进而可以证明结论.

根据等式 $f_d \cdot h_d \equiv g_d(\bmod x^d - 1)$, 对应格基 L_{CS} 构造如下 $2d$ 维格基

$$L_d = \left[\begin{array}{cc} I_d & H_d \\ 0 & qI_d \end{array} \right],$$

矩阵中 H_d 是 h_d 的循环转移矩阵

$$H_d = \left[\begin{array}{cccc} h_{d,0} & h_{d,d-1} & \dots & h_{d,1} \\ h_{d,1} & h_{d,0} & \dots & h_{d,2} \\ \vdots & \vdots & \ddots & \vdots \\ h_{d,d-1} & h_{d,d-2} & \dots & h_{d,0} \end{array} \right].$$

若 N/d 的值不大, 由于 f 和 g 的系数很小, 可推断 f_d 和 g_d 的系数也很小, 因此 (f_d, g_d) 是 L_d 中一个短向量. 若 (f_d, g_d) 是最短向量, 则可以通过 LLL、BKZ 等格基约化算法找到, 实现由低维数的格得到原私钥的部分信息. 下面进一步介绍如何使用 (f_d, g_d) 信息对 NTRU 进行分析.

14.3.1 消息恢复攻击

攻击者得到 f_d 之后, 可以直接利用此多项式恢复消息的部分信息. 由于映射 θ 同构, 故可得

$$f_d \cdot e_d \equiv f_d \cdot m_d + p\Phi_d \cdot f_d \cdot h_d \equiv f_d \cdot m_d + p\Phi_d \cdot g_d (\bmod q).$$

接下来可以按照 NTRU 解密步骤进行操作,

$$f_d \cdot m_d + p\Phi_d \cdot g_d \equiv f_d \cdot m_d (\bmod p).$$

$$f_d^{-1} \cdot f_d \cdot m_d \equiv m_d (\bmod p).$$

以 $N/d = 2$ 为例, 可知 m_d 等于 $m_i + m_{i+d}$, $0 \leqslant i < d$, 其中 m_i 是原明文的多项式系数. 此形式的信息可以缩小恢复私钥的复杂度.

这种攻击的一个不足之处是可能增加了解密错误的概率, 因为多项式相乘后 $f_d \cdot m_d + p\Phi_d \cdot g_d$ 的系数比 $f \cdot m + p\Phi \cdot g$ 增大约 $\sqrt{N/d}$ 倍. 实际攻击中此方法适用于 N/d 非常小的情况.

14.3.2 密钥恢复攻击

除了使用 f_d 恢复消息的部分信息, 也可利用 f_d 与 f 之间的系数关系直接得到 f. 具体恢复私钥方法如下.

以 $N/d = 2$ 为例, 可知 $f_{i+d} = f_{d,i} - f_i$, 进而将 f 表示为

$$f = (f_{d,d-1} - f_{d-1}, \cdots, f_{d,1} - f_1, f_{d,0} - f_0, f_{d-1}, \cdots, f_1, f_0).$$

注意到在 L_{CS} 生成的格中, 目标向量

$$(f, g) \equiv \sum_{i=0}^{N-1} f_i (I_i, H_i) (\bmod q),$$

其中 (I_i, H_i) 代表 L_{CS} 的第 i 行, 由单位矩阵 I_N 和循环矩阵 H 的第 i 行串联构成. 由 f 的参数表示可得

$$(f, g) \equiv \sum_{i=0}^{d-1} f_i (I_i, H_i) - \sum_{i=0}^{d-1} f_i (I_{i+d}, H_{i+d}) + \sum_{i=0}^{d-1} f_{d,i} (I_{i+d}, H_{i+d})$$

$$\equiv \sum_{i=0}^{d-1} f_i (I_i - I_{i+d}, H_i - H_{i+d}) + \sum_{i=0}^{d-1} f_{d,i} (I_{i+d}, H_{i+d}) (\bmod q)$$

注意到第二个和式中所有项均已知, 可设向量的已知部分为 (s, t). 需要求的未知量即为 $f_0, \cdots, f_{d-1}$. 设向量 $u = (f_{d-1}, \cdots, f_0)$, 则 (g, u) 在如下的 $(N + d + 1) \times (N + d)$ 基生成的格中:

$$L_{ug} = \begin{bmatrix} 0 & t \\ I_d & H_{N,i} - H_{N,i+d} \\ 0 & qI_N \end{bmatrix},$$

其中 $H_{N,i} - H_{N,i+d}$ 是由行向量 $H_i - H_{i+d}$ $(i = 0, \cdots, d - 1)$ 组成的矩阵. 向量 (u, g) 以高概率仍为格中最短向量. 因此, 不需要在 5.2 节描述的 $2N$ 维格上直接求解, 在本小节所述的较小格上即可恢复私钥.

在 L_{ug} 格基结构基础上, 可做进一步优化, 将 L_{ug} 后 d 列去除, 可得新的 $(2d + 1) \times (2d)$ 维格基矩阵 (删去后 d 列之后, 后 d 行是全零向量, 可以忽略). 新格中包含向量 (u, v), $v = (g_{d-1}, \cdots, g_0)$. 通过格基约化算法得到向量 (u, v) 后, 可结合 (f_d, g_d) 完全求出 (f, g).

例 14.3.1 设 $N = 6$, $q = 512$, 私钥 $f = x^4 + x^3 - 1$, $g = x^5 + x^3 - x^2 - x$, 公钥 $h = x^3 - x^2$. 求折叠后私钥 $f \pmod{x^3 - 1}$.

解 若按照一般方法求 f, 需构造 12×12 格矩阵. 按照本小节所述方法, 令 $d = 3$, 将 h 折叠至 $Z[X]/(X^d - 1)$.

$$h_3 \equiv h \equiv x^2 - 1 \pmod{x^3 - 1}.$$

构造 6×6 格基

$$L_3 = \begin{bmatrix} 1 & & & -1 & 1 & 0 \\ & 1 & & 0 & -1 & 1 \\ & & 1 & 1 & 0 & -1 \\ & & & 512 & & \\ & & & & 512 & \\ & & & & & 512 \end{bmatrix}.$$

格中包含短向量 $(f_3, g_3) = [0, 1, 0, 0, 0, 0] \times L_3 = [0, 1, 0, 0, -1, 1]$. 由此, 通过解 6 维格上最短向量即可恢复私钥部分信息, 即 $f \equiv x \pmod{x^3 - 1}$, $f_{3,2} = 0$, $f_{3,1} = 1$, $f_{3,0} = 0$.

1. 传统的经典公钥密码体制主要分为哪几个大类?

2. 后量子密码体制主要有几类, 分别是什么?

3. 给出至少 5 种 RSA 密码的攻击方法, 列出攻击名称即可.

4. 给出 3 种 RSA 密码的整数分解攻击, 并简述至少一种算法的基本思想.

5. 给出至少 5 种 Elgamal 密码的攻击方法, 列出攻击名称即可.

6. 利用试除法分解 $N = 57783$.

7. 利用费马分解法分解 $N = 899$ 和 $N = 7429$.

8. 利用 Dixon 分解法分解整数 $N=1829$, 平滑界 $B=13$.

9. 利用 Dixon 分解法分解整数 $N=23449$, 平滑界 $B=7$.

10. 利用 Pollard $p - 1$ 分解法分解 $N=11663, B = 5, a = 41$.

11. 利用 Pollard $p - 1$ 分解法分解 $N=18923$.

12. 利用 Pollard ρ 分解法分解 $N = 221$.

13. 利用 Pollard ρ 分解法分解 $N = 1189$.

14. RSA 密码模数 $N_1 = 64541, N_2 = 55687$, 利用欧几里得除法求出 N_1, N_2 的公因数.

15. RSA 密码模数 $N = 55$, 取公钥 $e_1 = 3, e_2 = 7$, 已知相同明文 $M(0 < M < 55)$ 用两个公钥加密的密文分别是 $C_1 = 51, C_2 = 41$, 恢复明文 M.

16. 模数 $N_1 = 35, N_2 = 143, N_3 = 323$, 加密密钥 $e = 3$, 在三个模数下对应的密文分别是 $C_1 = 29, C_2 = 64, C_3 = 64$, 利用小加密指数相同消息攻击恢复明文.

17. 模数 $N = 55$, 加密密钥 $e = 3$, 密文 $C_1 = 15, C_2 = 13$, 其中 $\alpha = 1, \beta = 2$, 利用小加密指数相关消息攻击恢复明文.

18. 设 RSA 密码中模数 $N = 74153950911911911$, 并假定通过猜测、截获或任何其他方式已经知道 $\varphi(N) = 74153950339832712$, 给出模数 N 的分解.

19. 利用小步/大步方法, 计算离散对数 $x = \log_{59} 67(\mathrm{mod}113)$, 使得 $59^x \equiv 67 (\mathrm{mod}113)$.

20. 利用小步/大步方法, 计算离散对数 $x = \log_3 525(\mathrm{mod}809)$, 使得 $3^x \equiv 525 (\mathrm{mod}809)$.

21. 已知群 Z_{809}^*(809 为素数) 的一个元素 $a = 89$ 阶为 101, $b = 618$ 为子群 $\langle a \rangle$

的元素, 利用 Pollard ρ 分解法求解 $\log_{89} 618$.

22. 已知群 Z^*_{1259} 的一个生成元 $a = 2$, 利用 Pohlig-Hellman 方法求解 $a^x = 338$.

23. 利用 Index-Calculus 方法, 计算离散对数 $x \equiv \log_3 87 \pmod{101}$.

24. Elgamal 密码中生成元 $g = 2$, 素数 $p = 103$, 用户 B 使用相同的临时参数值加密了两条明文消息发送给用户 A, 其相应的密文分别是 $C_1 = (2^{54}, 15)$ 和 $C_2 = (2^{54}, 32)$, 如已知明文 $M_1 = 32$, 请求出明文 M_2.

25. 给定 $E(F_{19})$ 上椭圆曲线 $y^2 = x^3 + 3x + 5$ 的点 $P = (1, 3), Q = (11, 1)$, 计算 $-P, 2P$ 和 $P + Q$.

26. 给定 $E(F_{13})$ 上椭圆曲线 $y^2 = x^3 + 4x + 5$ 的点 $P = (8, 9), Q = (9, 4)$, 计算 $-P, 2P$ 和 $P + Q$.

27. 给定 $E(F_{719})$ 上椭圆曲线 $y^2 = x^3 + 130x + 565$ 的点 $P = (107, 443), Q = (608, 427)$, 利用椭圆曲线上小步/大步方法, 求满足 $Q = kP$ 的正整数 k.

28. 给定 $E(F_{229})$ 上椭圆曲线 $y^2 = x^3 + x + 44$ 的点 $P = (5, 116)$, 点 P 的阶 $n = 239$, 点 $Q = (155, 166) \in \langle P \rangle$, 利用椭圆曲线上 Pollard ρ 方法, 求满足 $Q = kP$ 的正整数 k.

29. 给定 7 维 NTRU, 令 $N = 7, q = 512$, 私钥 $f = x^6 - x^5 - x^4 + x - 1$、 $g = -x^4 - x^2 + x + 1$, 计算公钥 h.

30. 给定 7 维 NTRU, 令 $N = 7, q = 512, p = 3$. 已知私钥 $f = x^6 + x^3 - x^2 - x - 1$、 $g = x^6 - x^5 + x - 1$, 公钥 $h = 354x^6 - 354x^5 + 236x^4 - 39x^3 + 39x - 236$. 解密密文 $e = 240x^6 + 390x^5 + 477x^4 + 352x^3 + 475x^2 - 116x + 235$.

31. 给定 5 维 NTRU, 令 $N = 5, q = 512$. 已知公钥 $h = 511x^4 + x^3 + 2x^2 + 510$, 求 NTRU 的一组私钥 (f, g).

32. 给定 6 维 NTRU, 令 $N = 6, d = 3, q = 512$. 已知公钥 $h = 146x^5 + 147x^4 + 365x^3 + 439x^2 + 439$, 求 $f, g \pmod{x^3 - 1}$.

参考文献

[1] Diffie W, Hellman M. New directions in cryptography. IEEE Transactions on Information Theory, 1976, 22(6): 644-654.

[2] Rivest R L, Shamir A, Adleman L. A method for obtaining digital signatures and public key cryptosystems. Communications of the ACM, 1978, 21(2): 120-126.

[3] Rabin M. Digitalized signatures and public-key functions as intractable as factorization. Technical Report MIT/LCS/TR-212, MIT Laboratory for Computer Science, 1979.

[4] Hinek M J. Cryptanalysis of RSA and Its Variants. CRC Press, 2010.

[5] Bellare M, Rogaway P. Optimal asymmetric encryption. Proceedings of Advances in Cryptology— EUROCRYPT 1994, LNCS 950, Springer-Verlag, 1994: 92-111.

[6] Paillier P. Public-key cryptosystems based on composite degree residuosity classes. Proceedings of Advances in Cryptology—EUROCRYPT 1999, LNCS 1592, Springer-Verlag, 1999: 223-238.

[7] Boudot F, Gaudry P, Guillevic A, et al. The state of the art in integer factoring and breaking public—key cryptography. IEEE Security & Privacy, 2022, 20(2): 80-86.

[8] Yan S Y. Cryptanalytic Attacks on RSA. Springer-Verlag, 2008.

[9] Elgamal T. A public-key cryptosystem and a signature scheme based on discrete logarithms. IEEE Transactions on Information Theory, 1985, 31(4): 469-472.

[10] Koblitz N. Elliptic curve cryptosystems. Mathematics of Computation, 1987, 48: 203-209.

[11] Miller V. Use of elliptic curves in cryptography. Proceedings of Advances in Cryptology-EUROCRYPT 1985, LNCS 218, Springer-Verlag, 1985: 417-426.

[12] Boneh D, Franklin M. Identity-based encryption from the weil pairing. Proceedings of Advances in Cryptology—CRYPTO 2001, LNCS 2139, Springer-Verlag, 2001: 213-229.

[13] Merkle R, Hellman M. Hiding information and signatures in trapdoor knapsacks. IEEE Transactions on Information Theory, 1978, 24: 525-530.

[14] 陶仁骥. 有限自动机及在密码学中的应用. 北京: 清华大学出版社, 2008.

[15] Shor P. Algorithms for quantum computation: discrete logarithms and factoring. Proceedings of the 35th Annual Symposium on Foundations of Computer Science, 1994: 124-134.

[16] Hoffstein J, Pipher J, Silverman J H. NTRU: A new high speed public key cryptosystem. Proceedings of Algorithmic Number Theory, LNCS 1423, Springer-Verlag, 1998: 267-288.

[17] Coppersmith D, Shamir A. Lattice attacks on NTRU. Proceedings of Advances in Cryptology—EUROCRYPT 1997, LNCS 1233, Springer-Verlag, 1997: 52-61.

[18] Nick H. A hybrid lattice-reduction and meet-in-the-middle attack against NTRU. Proceedings of Advances in Cryptology–CRYPTO 2007, LNCS 4622, Springer-Verlag, 2007: 150-169.

[19] Albrecht M, Bai S, Ducas L. A subfield lattice attack on overstretched NTRU assumptions cryptanalysis of some fhe and graded encoding schemes. Proceedings of Advances in Cryptology–CRYPTO 2016, LNCS 9814, Springer-Verlag, 2016: 153-178.

[20] Https://www.latticechallenge.org/svp-challenge/.

[21] McEliece R J. A public-key cryptosystem based on algebraic coding theory. DSN Progress Report, 1978, 42(44): 114-116.

[22] Matsumoto T, Imai H. Public quadratic polynomial-tuples for efficient signature-verification and message-encryption. Proceedings of Advances in Cryptology–EUROCRYPT 1988, LNCS 330, Springer-Verlag, 1988: 419-453.

[23] Stolbunov A. Cryptographic Schemes Based on Isogenies. Norwegian University of Science and Technology, 2012.

[24] Jao D, de Feo L. Towards quantum-resistant cryptosystems from supersingular elliptic curve isogenies. Proceedings of PQCrypto 2011, LNCS 7071, Springer-Verlag, 2011: 19-34.

[25] Yan S Y. Primality Testing and Integer Factorization in Public-Key Cryptography. 2nd ed. Springer-Verlag, 2009.

[26] Knospe H. A Course in Cryptography. AMS, 2019.

[27] Batten L M. Public Key Cryptography Applications and Attacks. IEEE Press, 2013.

[28] Dixon J D. Asymptotically fast factorization of integers. Mathematics of Computation, 1981, 36 (153): 255-260.

[29] Yan S Y. Computational Number Theory and Modern Cryptography. Wiley. 2013.

[30] Bernstein D J, Chang Y, Cheng C, et al. Factoring RSA keys from certified smart cards: Coppersmith in the wild. Proceedings of Advances in Cryptology–ASIACRYPT 2013, LNCS 8270, Springer-Verlag, 2013: 341-360.

[31] Håstad J. On using RSA with low exponent in a public key network. Proceedings of Advances in Cryptology–CRYPTO 1985, LNCS 218, Springer-Verlag, 1985: 403-408.

[32] Coppersmith D, Franklin M, Patarin J, et al. Low-exponent RSA with related messages. Proceedings of Advances in Cryptology–EUROCRYPT 1996, LNCS 1070, Springer-Verlag, 1996: 1-9.

[33] Wiener M J. Cryptanalysis of short RSA secret exponents. IEEE Transactions on Information Theory, 1990, 36(3): 553-558.

[34] Katz J, Lindell Y. Introduction to Modern Cryptography. 3rd ed. CRC Press, 2013.

[35] Kraitchik M. Théorie des nombers. Gauthier-Villars, Paris, 1922, 1.

[36] Hankerson D, Menezes A, Vanstone S. Guide to Elliptic Curve Cryptography. New York: Springer-Verlag, 2003.

[37] Washington L C. Elliptic Curves: Number Theory and Cryptography. Chapman & Hall/CRC, 2008.

[38] Lenstra A K, Lenstra H W, Lovász L. Factoring polynomials with rational coefficients. Mathematische Annalen, 1982, 261: 515-534.

[39] Schnorr C P, Euchner M. Lattice basis reduction: improved practical algorithms and solving subset sum problems. Mathematical Programming, 1994, 66(1): 181-199.

[40] Gentry C. Key recovery and message attacks on NTRU-composite. Proceedings of Advances in Cryptology−EUROCRYPT 2001, LNCS 2045, Springer-Verlag, 2001: 182-194.

第四部分 *Part 4*

杂凑函数分析

  密码学中的杂凑函数在消息认证、数字签名、完整性检测等密码学应用中有举足轻重的作用, 在密码算法与协议的安全性证明中往往扮演核心角色. 杂凑函数的定义域必须是可变的, 值域也可以是可变的, 所以它并不是一个确定的数学函数, 但可以把它看成是一个数学函数簇, 通过反复迭代一个确定的压缩函数或者伪随机置换来生成. 杂凑函数从应用需求上看与非对称密码联系紧密, 从设计上看又与对称密码一脉相承, 在二者之间发挥很好地衔接作用.

  本部分包含三章内容, 开始一章为杂凑函数概述, 介绍杂凑函数基本的安全属性和攻击方法, 后两章结合具体实例, 给出杂凑函数基础的碰撞、原像和第二原像攻击方法.

第 15 章

杂凑函数概述

密码学中的杂凑函数 (cryptographic hash function) 是将任意有限长度的消息压缩为固定长度摘要的函数, 是一个重要的密码学原语 (primitive) 在消息认证、身份认证、数字签名、认证加密等密码算法或协议中扮演着重要的角色. 密码学杂凑函数通常简称为杂凑函数, 它还有散列函数、哈希函数等别称, 主要包括基于分组密码的杂凑函数、专门设计的 MD4 家族杂凑函数 (包括 MD4、MD5、HAVAL、RIPEND、SHA-0、SHA-1、SHA-2 等[1-7]) 以及基于新型结构的杂凑函数 BLAKE[8]、SHA-3[9] 等.

密码学杂凑函数是容易计算并公开已知的, 它应该至少具有三个最基本的安全属性, 即碰撞稳固性、原像稳固性和第二原像稳固性. 本章介绍杂凑函数的典型结构、基本安全属性和基本攻击方法.

15.1　杂凑函数的典型结构

杂凑函数的设计一般要注意三个要素: 迭代结构、消息填充规则和压缩函数. 杂凑函数典型的迭代结构有基于分组密码的迭代结构、MD 结构 [10,11]、HAIFA 结构 [8] 和海绵 (sponge) 结构 [9] 等.

1. 基于分组密码的迭代结构

基于分组密码构造杂凑函数是很直接的思路, 其基本思想为:

设杂凑函数消息分块长度为 k 将需要杂凑的消息按照一定规则进行填充, 使得填充后的消息 $m = m_0 \parallel m_1 \parallel \cdots \parallel m_{t-1}$ 的长度为 k 的倍数, 即每个消息分块 $m_i(0 \leqslant i \leqslant t-1)$ 的长度均为 k. 令 H_0 为初始向量, 则

$$H_{i+1} = f(m_i, H_i), \quad 0 \leqslant i \leqslant t-1,$$

其中 f 为可设计的基于分组密码的压缩函数, 最终消息 m 的杂凑值为 $Hash(m) = H_t$.

基于分组密码构造的杂凑函数因为通常采用经过长期安全性分析的分组密码组件, 对这类杂凑函数的攻击主要侧重于结构安全性分析, 它的安全性具有一定的保障, 但这类杂凑函数的运行效率相对较低, 在遇到海量消息数据或轻量级的应用场景时, 很难满足用户的需求.

2. MD 结构

1989 年, Merkle 和 Damgard 分别独立地给出了可证明安全的迭代结构 [10-11], 即通过重复迭代一个输入输出长度固定的压缩函数来构造杂凑函数, 并将杂凑函数的抗碰撞性归约到压缩函数的抗碰撞性上, 这样杂凑函数的设计就集中于输入输出长度固定压缩函数的设计, 这种结构称为 MD 结构, 如图 15.1 所示.

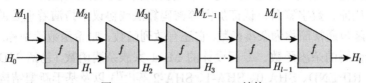

图 15.1 Merkle-Damgard 结构

基于 MD 结构的杂凑函数采用输入输出长度固定的压缩函数进行迭代, 通过这个压缩函数重复对当前输入的消息分块和前一次压缩函数输出的中间状态进行计算, 最终将任意给定长度的消息压缩为固定长度的杂凑值. 具体来说, 包含以下三个步骤:

(1) 对要杂凑的消息 M 进行填充, 使填充后的消息长度为 m 的整数倍, 并将其分为多个长度为 m 的消息块 $M_1, M_2, \cdots, M_l$.

(2) 将首轮迭代输入链接值 H_0 初始赋值为固定的 IV, 随后重复执行压缩函数: $H_i = f(H_{i-1}, M_i)$, $1 \leqslant i \leqslant l$.

(3) 最终得到 H_l 即为杂凑函数的输出值.

3. HAIFA 结构

随着研究的深入 MD 结构暴露出许多安全方面的脆弱性, Biham 等在 MD 结构的基础上, 提出了可证明白盒不可区分性的杂凑函数迭代框架, 即 HAIFA 结构. 其主要思想是通过在压缩函数中加入称为盐 (salt) 的随机数, 同时加入迄今为止压缩过的消息长度 (#bits) 来实现压缩函数的抗固定点攻击、抗长消息攻击、抗碰撞攻击等安全属性.

设 n 表示链接变量的长度, m_c 表示消息分组的长度, b 表示 #bits 的长度, s 表示盐的长度, 相对于 MD 结构的压缩函数, HAIFA 的压缩函数稍微复杂一些, 以 h_i 表示链接变量, HAIFA 结构的迭代过程可写成 $h_i = f(h_{i-1}, M_{i-1}, \#bits, salt)$, 如图 15.2 所示.

使用 HAIFA 计算消息 M 的杂凑值, 输出摘要的长度为 len_d, 可按下述过程进行:

(1) 消息填充并分块, $M = M_0 \parallel M_1 \parallel \cdots \parallel M_{l-1}$, 消息分块的大小为 m_c 比特.

(2) 计算相应输出摘要长度的初始向量 IV_d.

(3) 迭代压缩填充过的消息分块, $h_i = f(h_{i-1}, M_{i-1}, \#bits, salt)$, $1 \leqslant i \leqslant l$, $h_0 = \mathrm{IV}_d$.

(4) 截取最后的链接变量 h_l 到相应摘要长度 len_d, 输出摘要 $H(M) = Truncate(h_l)$.

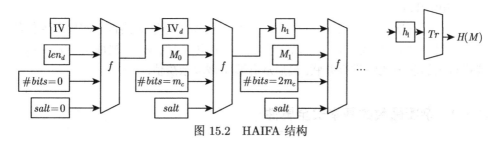

图 15.2　HAIFA 结构

4. 海绵结构

美国国家标准与技术研究所 NIST 在 2007 年向全世界发起征集新的杂凑算法标准的活动, 经过三轮安全性评估, 最终于 2012 年 10 月 2 日选定 Keccak 算法作为新的安全杂凑算法标准 SHA-3. 下面结合 Keccak 算法介绍海绵结构 (sponge construction), 如图 15.3 所示.

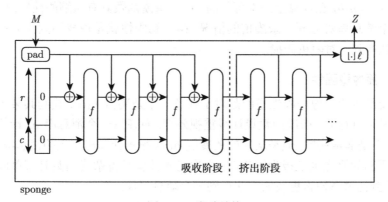

图 15.3　海绵结构

Keccak 算法的输入为任意长度的消息, 输出为长度是 224、256、384、512 的杂凑值, 因为杂凑值通过截断方式取得, 其长度也可以是其他任意的特定值. Keccak 海绵结构可以定义为 $Keccak4[r, c]$, 其中参数 r 称为比特率 (bitrate), c 称为容量

(capacity), $b = r + c$ 为 Keccak 算法中迭代固定置换 $Keccak_f[b]$ 的宽度, 具体的迭代过程可分为两个阶段: 吸收阶段 (absorbing) 和挤出阶段 (squeezing).

吸收阶段:

(1) 消息填充并分块, $M = M_0 \parallel M_1 \parallel \cdots \parallel M_{l-1}$, 消息分块的大小为 r 比特.

(2) 初始向量定义为全零向量, 通过对特定的位置异或第一个消息分块来更新固定置换 $Keccak_f[b]$ 的输入.

(3) 计算固定置换 $Keccak_f[b]$ 的输出.

(4) 重复以上过程完成所有消息分块的压缩.

挤出阶段:

从最后一次 $Keccak_f[b]$ 置换输出的前 r 比特中截取杂凑值. 如果杂凑值的长度超过 r, 则根据需要再进行若干次 $Keccak_f[b]$ 置换操作, 把每次 $Keccak_f[b]$ 置换输出的前 r 比特进行并联, 最后从并联中截取杂凑值.

15.2 杂凑函数的基本安全属性

杂凑函数的安全属性与对称加密的安全属性有较大的区别, 其关注的主要是碰撞稳固和单向稳固两类安全特性, 最基本的三个安全属性是碰撞稳固性、原像稳固性和第二原像稳固性.

15.2.1 碰撞稳固性

杂凑函数的碰撞稳固性指的是找到两个不同的消息串 a 和 b, 具有相同的杂凑值 $h(a) = h(b)$ 在计算上是不可行的. 由于杂凑函数具有压缩的性质, 所以必然存在多个消息串对应同一杂凑值的情况, 碰撞稳固性就是说找不到比穷举搜索更快的方法得到一对随机碰撞.

15.2.2 原像稳固性

杂凑函数的原像稳固性指的是对于任意一个杂凑值 $h(a)$, 找到其某个原像在计算上是不可行的. 杂凑函数设计很重视效率, 对任意一个消息串 a, 计算它的杂凑值 $h(a)$ 是非常快的, 但是从它的杂凑值 $h(a)$ 很难计算出相应的消息串 a, 得到另一个不同的原像也是极为困难的, 原像稳固性就是说杂凑函数具有单向性的特点, 找不到比穷举搜索更快的方法得到一个随机原像.

15.2.3 第二原像稳固性

杂凑函数的第二原像稳固性指的是对于某一给定的消息串 a 及其杂凑值 $h(a)$, 找到另一不同的消息串 b, 使得它们具有相同的杂凑值 $h(a) = h(b)$ 在计算上是不可行的. 虽然相对于原像攻击, 第二原像攻击有一个确定原像的信息, 但是攻击的难度是一样的, 第二原像稳固性就是说仍然找不到比穷举搜索更快的方法得到另一个随机原像.

杂凑函数除了上述三个基本安全性要求外, 在深入的密码分析过程中, 产生了很多新的安全性要求, 比如抗初态自由的目标攻击指的是寻找不同初态的第二原像困难, 抗初态自由的碰撞攻击指的是寻找不同初态的一对碰撞困难. 这些特殊攻击方法都是碰撞攻击和 (第二) 原像攻击的先行者, 通过一定的技术或方法, 能够以一定代价转换成对杂凑函数基本安全性的突破.

15.3 杂凑函数的基本攻击方法

15.3.1 穷举攻击

穷举攻击是计算 (第二) 原像的最简单和直接的方法. 攻击者随机选择一个输入并计算其输出值, 然后与给定的摘要值进行比较. 找到一个匹配的概率为 $\frac{1}{|R|}$, 其中 $|R|$ 代表输出空间的大小. 这意味着, 在假设每个输出值出现可能性相同的情况下, 攻击输出长度为 n 比特的杂凑函数的计算复杂度为 2^n. 与寻找原像不同, 在第二原像攻击中, 假定攻击者事先知道一个输入及其摘要值. 对长消息而言, 寻找第二原像会更容易, 除非消息长度编码在填充中. 如果填充包含消息长度编码, 对于含有 2^k 个消息块的长消息, 攻击者能够以 $k \cdot 2^{\frac{n}{2}+1} + 2^{n-k+1}$ 的复杂度找到它的一个第二原像.

考虑多目标 (multiple targets) 的攻击场景: 给定 2^t 个消息及其摘要值集合 $R'(|R'| = 2^t)$, 攻击者试图找到一个原像 x, 其摘要值 $H(x) \in R'$. 攻击者随机选择一个消息, 其摘要值与 R' 相匹配的概率为 2^{-n+t}, 所以在 2^{-n+t} 次计算后就可以期望找到一个 (第二) 原像.

15.3.2 生日攻击

生日攻击主要给出了对一个随机函数找到碰撞的复杂度, 这种攻击方法是对杂凑函数的本质上的攻击, 它的复杂度与杂凑函数采用的何种结构, 使用的哪种具体算法无关, 只与杂凑函数的输出长度有关.

生日攻击来源于生日悖论, 生日悖论是指在不少于 23 个人中至少有两人生日相同的概率大于 50%, 这与直觉上需要 183 个人相悖, 而且在一个 30 人的集合中, 存在两人生日相同的概率为 70%, 对于 60 人的集合, 这种概率要大于 99%.

关于生日悖论的证明, 不妨设一年中有 $N = 365$ 天. 设房间里有 n 个人, 令 P 为房间里有两个人生日相同的概率, 为了方便, 我们计算 $1 - P$, 即计算所有人生日都不同的概率. 第一个人的生日是 365 选 365, 第二个人是 365 选 364, 以此

类推, $\cdots$, 第 n 个人的生日是 365 选 $365-(n-1)$, 所以,

$$1-P = \frac{365}{365} \times \frac{364}{365} \times \cdots \times \frac{365-n+1}{365} = \frac{365!}{365^n(365-n)!}.$$

对整个公式简单变形, 可得

$$1-P = 1 \times \left(1-\frac{1}{365}\right) \times \left(1-\frac{2}{365}\right) \times \cdots \times \left(1-\frac{n-1}{365}\right).$$

注意到

$$1-P \approx \left(1-\frac{1}{365}\right) \times \left(1-\frac{1}{365}\right)^2 \times \cdots \times \left(1-\frac{1}{365}\right)^{n-1} = \left(1-\frac{1}{365}\right)^{\frac{n(n-1)}{2}},$$

再利用 $e = \lim\limits_{n\to\infty}\left(1+\frac{1}{n}\right)^n$, 若要 $P \approx 1-e^{-\frac{n(n-1)}{2\times 365}} \geqslant 0.5$, 只需 n 大于 23 即可.

从生日悖论的证明中, 可以得到这个问题背后的生日攻击原理.

定理 15.1(生日攻击原理) 设集合 S 中含有 s 个元素, 从集合 S 中随机选取 m 个元素构成集合 M, 则当 $m \approx 1.2 \times \sqrt{s}$ 时, 集合 M 中有两个元素相同的概率约等于 50%.

证明 设集合 M 中所有元素都不相同的概率为 P, 则

$$P = \left(1-\frac{1}{s}\right) \times \left(1-\frac{2}{s}\right) \times \cdots \times \left(1-\frac{m-1}{s}\right) = 1 - \frac{m(m-1)}{2s} + \cdots,$$

注意到

$$e^{-x} = 1 - x + \frac{x^2}{2!} - \frac{x^3}{3!} + \cdots,$$

于是 $P \approx e^{-m(m-1)/(2s)}$, 当 $m \approx 1.2 \times \sqrt{s}$ 时, $P \approx e^{-0.707} \approx 0.5$.

将生日攻击进一步一般化, 就可以得到一般生日攻击原理.

15.3.3 一般生日攻击

定理 15.2 (一般生日攻击原理) 设集合 S 中含有 s 个元素, 从集合 S 中随机选取 m 个元素构成集合 M, 又独立从集合 S 中随机选取 n 个元素构成集合 N, 则当 $m \times n \approx s$ 时, 集合 M 与集合 N 中有两个元素相同的概率约等于 63%.

证明 设集合 M 与集合 N 中所有元素都两两不相同的概率为 P, 则

$$P \approx \left(\frac{s-1}{s}\right)^{m\cdot n} = \left(1-\frac{1}{s}\right)^{m\cdot n} = \left[\left(1-\frac{1}{s}\right)^s\right]^{\frac{m\cdot n}{s}} \approx e^{-\frac{m\cdot n}{s}},$$

当 $m \times n \approx s$ 时, $P \approx e^{-1} \approx 0.37$, 所以集合 M 与集合 N 中有两个元素相同的概率约等于 63%.

将并行化思想引入一般生日攻击, 就可以得到广义生日攻击原理. 广义生日攻击不是唯一的, 在一般生日攻击中引入不同的思想就可以得到广义生日攻击的不同形式, 比如两个元素相同的概念可以推广到多个元素求和等于 0, 这就得到了另外一种广义生日攻击原理.

15.3.4 广义生日攻击

定理 15.3(广义生日攻击原理) 设集合 S 中含有 s 个元素, 独立地 t 次从集合 S 中随机选出含 m 个元素的集合 M_i 与含 n 个元素的集合 N_i, 其中 $i = 1, 2, \cdots, t$, 构成 t 个集合对, 则当 $t \times m \times n \approx s$ 时, 存在某个集合对中有两个元素相同的概率约等于 63%.

证明 设所有集合对中所有元素都两两不相同的概率为 P, 则

$$P \approx \left[\left(\frac{s-1}{s} \right)^{m \cdot n} \right]^t = \left(1 - \frac{1}{s} \right)^{m \cdot n \cdot t} = \left[\left(1 - \frac{1}{s} \right)^s \right]^{\frac{m \cdot n \cdot t}{s}} \approx \mathrm{e}^{-\frac{m \cdot n \cdot t}{s}},$$

当 $t \times m \times n \approx s$ 时, $P \approx \mathrm{e}^{-1} \approx 0.37$, 所以集合 M 与集合 N 中有两个元素相同的概率约等于 63%.

第 16 章

杂凑函数的碰撞攻击

本章介绍杂凑函数碰撞攻击中最基本的原理与方法.

16.1 代数攻击

16.1.1 代数方程组的建立

代数攻击的基本思想是将杂凑函数的压缩函数表示成一系列代数方程, 使得寻找随机的消息碰撞问题转换为代数方程组求解问题. 比如针对 MD4 的压缩函数, 以消息字和中间状态字为变量, 可以列消息扩展方程和状态转移方程, 涉及的运算有与、或、非、模加、异或、循环移位等. 解这个复杂代数方程组是一个大工程, 表面上将问题复杂化了, 但特殊的解空间和精心设计的求解技巧大大简化求解过程.

相比于分组加密算法代数攻击, 杂凑函数代数攻击拥有更大的解空间, 比如 AES-128 的密钥空间是 2^{128}, 同样是四个字节中间状态宽度的 MD5 仅单消息块的消息空间就是 2^{512}, 这为杂凑函数代数攻击的实现提供了更大的操作空间. 另一方面, 杂凑函数设计对效率要求极高, 这使得压缩函数的非线性和消息扩展算法的扩散性相对分组密码会低一些, 这也为杂凑函数代数方程组的求解提供了巨大的便利.

例 16.1.1 杂凑算法 MD5 的代数攻击 [12].

以 MD5 单消息块碰撞攻击为例, 假如只在最后一个消息字引入消息差分 Δ_{15}, 则总共 64 步的消息字中, 共有 16,23,47 和 58 这四步有差分. 因为寻找一对碰撞对摘要的具体值没有要求, 只需要两个消息有相同的摘要即可, 所以在列状态转移方程的时候可以简化为只包含两个内碰撞方程组和两个链接方程组的特殊情形.

(1) 在 47 步到 58 步之间建立内碰撞方程组. 这个内碰撞指的是 47 步的输入状态无差分, 47 步引入消息差分会导致中间状态出现差分并经状态转移函数逐步扩散, 如果状态差分在 58 步引入消息差分的时候能够消除, 即 58 步的输出状态无差分, 则形成一个内碰撞.

(2) 在 16 步到 23 步之间建立内碰撞方程组, 这个内碰撞指的是 16 步的输入状态无差分, 16 步引入消息差分同样会导致中间状态出现差分并经状态转移函数逐步扩散, 如果状态差分在 23 步引入消息差分的时候能够消除, 即 23 步的输出状态无差分, 则形成一个内碰撞.

(3) 在初始状态 IV 和 16 步输入状态之间建立链接方程组. 在这个阶段, 因为消息没有差分, 从而状态也没有差分, 但是从初始状态 IV 到 16 步输入状态的状态转移方程组必须有解.

(4) 在两个内碰撞之间建立链接方程组. 在这个阶段, 同样消息没有差分, 从而状态也没有差分, 但是从 23 步输出状态到 47 步输入状态的状态转移方程组必须有解.

从 58 步输出状态到摘要的状态转移方程不用考虑, 因为摘要值可以是任意的.

16.1.2 代数方程组的求解

内碰撞和链接方程组建立后, 方程组的求解是关键, 大部分的方程组都包含多个运算, 比如 MD5 代数攻击中的方程组就包括与、或、非、模加、异或、循环移位等多个运算, 同时状态转移方程和消息扩展方程都以 32 比特字为变量, 所以方程组的求解需要用到一些特殊的性质和算法.

(1) 32 比特字与其非模 2^{32} 加后得 -1.

(2) 字模加后循环移位的结果与字循环移位后模加的结果之差, 只有四种情况, 即

$$(A + B) <<< k - (A <<< k + B <<< k) \in \{-c_l 2^k + c_r \,|\, c_l, c_r \in \{0, 1\}\},$$

其中 A 和 B 表示 32 比特字, 加法表示模 2^{32} 加, $<<< k$ 表示循环左移 k 位, c_l 表示 A 和 B 高位 l 个比特的求和进位, c_r 表示 A 和 B 低位 r 个比特的求和进位.

(3) 决策树方法, 类似于二元决策图 (binary decision diagram) 方法. 比如求解以下代数方程:

$$(x_3 x_2 x_1 x_0 \vee 0010) + 0110 = 0001.$$

一般的穷举策略是, 先从树根 x_0 出发, 当 $x_0 = 0$ 时, 最低位比特方程不成立, 当 $x_0 = 1$ 时, 最低位比特方程成立; 然后考虑第一个树节点 x_1, 当 $x_1 = 0$ 时, 对应比特方程成立; 再考虑第二个树节点 x_2, 当 $x_2 = 0$ 时, 对应比特方程不成立, 当 $x_2 = 1$ 时, 对应比特方程成立; 接着考虑第三个树节点 x_3, 当 $x_3 = 0$ 时, 对应比特方程不成立, 当 $x_3 = 1$ 时, 对应比特方程成立, 于是得到第一个解 $x_3 x_2 x_1 x_0 = 1001$. 继续回到第一个树节点 x_1, 当 $x_1 = 1$ 时, 对应比特方程也成

立; 再考虑第二个树节点 x_2, 当 $x_2 = 0$ 时, 对应比特方程不成立, 当 $x_2 = 1$ 时, 对应比特方程成立; 接着考虑第三个树节点 x_3, 当 $x_3 = 0$ 时, 对应比特方程不成立, 当 $x_3 = 1$ 时, 对应比特方程成立, 于是得到另一个解 $x_3x_2x_1x_0 = 1011$. 仔细分析上述穷举过程, 不难发现有部分过程是重复的, 决策树的方法将这个重复的穷举子树进行合并, 以此节省整体的穷举时间.

16.2 差分攻击

16.2.1 差分内碰撞

差分攻击 (这里指的是异或差分) 延续了代数攻击的思想, 可以看成是代数攻击的新表示, 其核心思想是先将压缩函数线性化, 然后通过消息差分内碰撞找到一个导致线性化杂凑函数碰撞发生的状态差分模式, 再通过给状态添加条件去线性化, 最终的攻击复杂度规约到充分条件的数量上.

例 16.2.1 杂凑算法 SHA-0 的差分内碰撞 [13].

SHA-0 算法有三个非线性部件, 分别是模 2^{32} 加和两个非线性布尔函数, 将这些非线性部件都用异或代替. 线性化的压缩函数在 6 轮之间存在差分内碰撞, 过程如下:

(1) 第 i 轮输入状态无差分, 在该轮引入消息差分 Δ, 则输出状态第一个字有差分 Δ;

(2) 第 $i+1$ 轮引入消息差分 $\Delta + 5$, 则输出状态的第二个字有差分 Δ;

(3) 第 $i+2$ 轮引入消息差分 Δ, 则输出状态的第三个字有差分 $\Delta - 2$;

(4) 第 $i+3$ 轮引入消息差分 $\Delta - 2$, 则输出状态的第四个字有差分 $\Delta - 2$;

(5) 第 $i+4$ 轮引入消息差分 $\Delta - 2$, 则输出状态的第五个字有差分 $\Delta - 2$;

(6) 第 $i+5$ 轮引入消息差分 $\Delta - 2$, 则输出状态无差分.

16.2.2 去线性化充分条件

杂凑函数线性化后, 通过差分内碰撞和代数攻击不难找到线性化杂凑函数的一个碰撞, 从这个状态差分路径出发, 通过对状态值添加充分条件, 将杂凑函数去线性化回归, 当所有充分条件都满足时, 得到杂凑函数本身的一个碰撞. 以 SHA-0 为例, 一步一步选择前 15 步的消息值, 找到一个满足前 15 步所有充分条件的消息, 穷举第 16 步消息, 直至第 16 步到第 80 步的所有充分条件都满足, 攻击的复杂度主要依赖于后 65 步的条件数量. 通过引进中性比特技术可以优化攻击的复杂度, 首先找到一个满足前 $r > 15$ 步所有充分条件的消息, 然后寻找该消息的中性比特 (这些消息比特的改变不会影响前 r 步的状态差分路径), 这些比特可以自动生成大量满足前 r 步所有充分条件的消息.

16.3 模差分攻击

16.3.1 模差分内碰撞

模差分攻击延续了差分攻击的思想, 可以看成是差分攻击的新形式, 其核心思想是将异或差分扩展到模差分, 直接通过模差分内碰撞来构造碰撞可能发生的状态模差分路径, 再通过消息修改技术得到碰撞发生的条件.

例 16.3.1 杂凑算法 MD4 的模差分内碰撞 [14].

MD4 算法将任意长的消息压缩成 128 比特的消息摘要, 具体过程如下.

首先将消息 M 扩充为长为 512 倍数的消息串 $\{M_0||M_1||, \cdots, ||M_{n-1}\}$. 填充方法为填充一个 1, 若干个及 64 比特的填充前消息长度. 然后利用压缩函数计算, 其中压缩函数包含 3 轮, 每轮 16 步. 每一轮采用不同的布尔函数:

$$f_t(X,Y,Z) = \begin{cases} F(X,Y,Z) = (X \wedge Y) \vee (\bar{X} \wedge Z), & \text{其中 } 0 \leqslant t < 16, \\ G(X,Y,Z) = (X \wedge Y) \vee (Z \wedge X) \vee (Z \wedge Y), & \text{其中 } 16 \leqslant t < 32, \\ H(X,Y,Z) = X \oplus Y \oplus Z, & \text{其中 } 32 \leqslant t < 48. \end{cases}$$

MD4 的每一步中, 32 比特中间状态 Q_i 通过下式进行更新:

$$Q_i = (Q_{i-4} + f(Q_{i-1}, Q_{i-2}, Q_{i-3}) + m_{\pi(i)} + k_i) <<< s_i, \quad 0 \leqslant i \leqslant 47,$$

其中符号 "+" 表示模 2^{32} 加, 变量 $m_{\pi(i)}$ 表示一个消息字, 变量 k_i 为轮常数, 具体取值如下:

$$k_i = \begin{cases} 0, & 0 \leqslant i < 16, \\ 0x5a827999, & 16 \leqslant i < 32, \\ 0x6ed9eba1, & 32 \leqslant i < 47. \end{cases}$$

MD4 的初态如下:

$$(Q_{-4}, Q_{-3}, Q_{-2}, Q_{-1}) = (0x67452301, 0x10325476, 0x98\,badcfe, 0x\,efcdab\,89).$$

上述初始值用于初始化四个 32 比特链接变量 (A,B,C,D), 经过 48 步推导, 将 $(Q_{44}, Q_{45}, Q_{46}, Q_{47})$ 加到链接变量 (A,B,C,D) 中, 得到处理下一个消息块所需的初始链接变量 (A,B,C,D), 并重复上述过程. 直到所有消息块全被处理, 得到最终杂凑值即为链接变量的级联.

在 MD4 算法的第 35, 36 和 40 步分别引入消息模差分 2^{16}, $2^{31} + 2^{28}$ 和 2^{31}, 可以得到一个概率为四分之一的模差分内碰撞, 过程如下:

(1) 第 35 轮输入状态无模差分, 在该轮引入消息模差分 2^{16}, 则输出状态以二分之一的概率使得第四个字有模差分 2^{31};

(2) 第 36 轮引入消息模差分 $2^{31} + 2^{28}$, 则输出状态第三个字延续了模差分 2^{31}, 同时以二分之一的概率使得第四个字有模差分 2^{31};

(3) 第 37 轮无消息模差分, 则输出状态的第二个字和第三个字有模差分 2^{31};

(4) 第 38 轮无消息模差分, 则输出状态的第一个字和第二个字有模差分 2^{31};

(5) 第 39 轮无消息模差分, 则输出状态的第一个字和第四个字有模差分 2^{31};

(6) 第 40 轮引入消息模差分 2^{31}, 则输出状态无模差分.

16.3.2 模差分路径

根据消息模差分内碰撞, 寻找合适的状态模差分路径, 是模差分攻击成功的关键一步. 从手工搜索到自动化搜索, 再到扰动向量 (即状态模差分路径) 的重量分析, 相关研究越来越细致.

例 16.3.2 杂凑算法 MD4 的状态模差分路径 [14].

根据例 16.3.1 中 MD4 算法的消息模差分内碰撞, 可以得到一条状态模差分路径如下:

(1) 第 2 步状态模差分为 2^6;

(2) 第 3 步状态模差分为 $-2^7 + 2^{10}$;

(3) 第 4 步状态模差分为 2^{25};

(4) 第 6 步状态模差分为 2^{13};

(5) 第 7 步状态模差分为 2^{13};

(6) 第 8 步状态模差分为 $-2^{18} + 2^{21}$;

(7) 第 9 步状态模差分为 2^{12};

(8) 第 10 步状态模差分为 2^{16};

(9) 第 11 步状态模差分为 $2^{19} + 2^{20} - 2^{25}$;

(10) 第 12 步状态模差分为 -2^{29};

(11) 第 13 步状态模差分为 2^{31};

(12) 第 14 步状态模差分为 $2^{22} + 2^{25}$;

(13) 第 16 步状态模差分为 $-2^{26} + 2^{28}$;

(14) 第 17 步状态模差分为 $2^{25} - 2^{28} - 2^{31}$;

(15) 第 20 步状态模差分为 $-2^{29} + 2^{31}$;

(16) 第 21 步状态模差分为 $2^{28} - 2^{31}$;

(17) 第 36 步状态模差分为 2^{31};

(18) 第 37 步状态模差分为 2^{31}.

除上面提到的步数外, 其他步的状态都没有模差分. 这条状态模差分路径同样映射到两个内碰撞方程组和两个链接方程组, 其中第一个内碰撞发生在第 2 步到第 25 步, 第二个内碰撞发生在第 36 步到第 41 步.

16.3.3 模差分对

确定了状态模差分路径后, 根据需要可以选择不同的模差分对.

例 16.3.3 杂凑算法 MD4 的状态模差分对 [14].

为方便理解消息对的模差分带来的状态模差分对的变化情况, 设第一个消息影响的中间状态统称左边, 第二个消息影响的中间状态统称右边. 根据例 16.3.2 中 MD4 算法的状态模差分路径, 可以得到一条无矛盾的模差分对如下:

(1) 第 2 步状态更新字左边第 7 比特为 0, 右边第 7 比特为 1;

(2) 第 3 步状态更新字左边第 8 比特为 1、第 11 比特为 0, 右边第 8 比特为 0、第 11 比特为 1;

(3) 第 4 步状态更新字左边第 26 比特为 0, 右边第 26 比特为 1;

(4) 第 6 步状态更新字左边第 14 比特为 0, 右边第 14 比特为 1;

(5) 第 7 步状态更新字左边第 19 比特为 0、第 2 比特为 0、第 21 比特为 1、第 22 比特为 0, 右边第 19 比特为 1、第 20 比特为 1、第 21 比特为 0、第 22 比特为 1;

(6) 第 8 步状态更新字左边第 13 比特为 1、第 14 比特为 1、第 15 比特为 0, 右边第 13 比特为 0、第 14 比特为 0、第 15 比特为 1;

(7) 第 9 步状态更新字左边第 17 比特为 0, 右边第 17 比特为 1;

(8) 第 10 步状态更新字左边第 20 比特为 0、第 21 比特为 1、第 22 比特为 1、第 23 比特为 0、第 26 比特为 1, 右边第 20 比特为 1、第 21 比特为 0、第 22 比特为 0、第 23 比特为 1、第 26 比特为 0;

(9) 第 11 步状态更新字左边第 30 比特为 1, 右边第 30 比特为 0;

(10) 第 12 步状态更新字左边第 32 比特为 0, 右边第 32 比特为 1;

(11) 第 13 步状态更新字左边第 23 比特为 0、第 26 比特为 0, 右边第 23 比特为 1、第 26 比特为 1;

(12) 第 14 步状态更新字左边第 27 比特为 1、第 29 比特为 1、第 30 比特为 0, 右边第 27 比特为 0、第 29 比特为 0、第 30 比特为 1;

(13) 第 16 步状态更新字左边第 19 比特为 0, 右边第 19 比特为 1;

(14) 第 17 步状态更新字左边第 26 比特为 1、第 27 比特为 0、第 29 比特为 1、第 32 比特为 1, 右边第 26 比特为 0、第 27 比特为 1、第 29 比特为 0、第 32 比特为 0;

(15) 第 20 步状态更新字左边第 30 比特为 1、第 32 比特为 0, 右边第 30 比特为 0、第 32 比特为 1;

(16) 第 21 步状态更新字左边第 29 比特为 1、第 30 比特为 0、第 32 比特为 1, 右边第 29 比特为 0、第 30 比特为 1、第 32 比特为 0;

(17) 第 36 步状态更新字左边第 32 比特为 1, 右边第 32 比特为 0;

(18) 第 37 步状态更新字左边第 32 比特为 1, 右边第 32 比特为 0.

16.3.4 充分条件

根据压缩函数的状态转移方程, 为确保例 16.3.3 中的状态模差分对成立, 可以寻找一个无矛盾的充分条件集合, 当这些充分条件全部满足时即可得到一个碰撞.

例 16.3.4 杂凑算法 MD4 的充分条件 [14]

MD4 算法的非线性布尔函数有一些特殊性质, 这些性质是确定充分条件的重要依据, 包括

(1) 选择函数 $IF(x, y, z) = (x \wedge y) \vee (\bar{x} \wedge z)$ 的特性:

$$IF(x, y, z) = IF(\bar{x}, y, z) \Leftrightarrow y = z,$$
$$IF(x, y, z) = IF(x, \bar{y}, z) \Leftrightarrow x = 0,$$
$$IF(x, y, z) = IF(x, y, \bar{z}) \Leftrightarrow x = 1.$$

(2) 择多函数 $MAJ(x, y, z) = (x \wedge y) \vee (x \wedge z) \vee (y \wedge z)$ 的特性:

$$MAJ(x, y, z) = MAJ(\bar{x}, y, z) \Leftrightarrow y = z;$$
$$MAJ(x, y, z) = MAJ(x, \bar{y}, z) \Leftrightarrow x = z;$$
$$MAJ(x, y, z) = MAJ(x, y, \bar{z}) \Leftrightarrow x = y.$$

(3) 异或求和函数 $H(x, y, z) = x \oplus y \oplus z$ 的特性:

$$H(x, y, z) = \overline{H(\bar{x}, y, z)} = \overline{H(x, \bar{y}, z)} = \overline{H(x, y, \bar{z})};$$
$$H(x, y, z) = H(\bar{x}, \bar{y}, z) = H(x, \bar{y}, \bar{z}) = H(\bar{x}, y, \bar{z}).$$

根据 MD4 算法压缩函数的状态转移方程、非线性布尔函数性质以及例 16.3.4 的状态模差分对变化规律, 王小云等找到了一个充分条件集合, 共有 122 个比特方程, 这些比特方程都是限定在一到两个比特之间, 或相等或等于常数, 发生的概率均为二分之一, 从而整个充分条件满足的概率为 2^{-122}.

16.3.5 消息修改技术

充分条件集合虽然很大, 但可以利用基础消息修改技术和高级消息修改技术, 通过限定消息的值使得绝大部分的充分条件成立

例 16.3.5 杂凑算法 MD4 的消息修改 [14].

从任意一个消息开始, 利用消息模差分得到另一个消息, 通过 MD4 算法压缩函数计算得到两个消息影响下的所有中间状态, 观察这些中间状态的值是否满足上述的 122 个充分条件方程. 在前 16 步中, 若某个充分条件不满足, 利用压缩函数的状态转移方程, 通过修改关联的消息比特, 该充分条件成立, 这个技术称为基础消息修改技术. 因为前 16 步充分条件及关联消息比特是独立的, 利用基础消息修改技术, 可以确保前 16 步的所有充分条件都满足. 当步数超过 16 时, 因为消息字是重复使用的, 在修改关联的消息比特时, 应尽可能地不改变前 16 步中间状态字, 若改变了则需要重新判断被影响的充分条件是否成立, 这个技术称为高级消息修改技术.

16.3.6 碰撞搜索

经过消息修改后, 剩余的充分条件通过搜索去满足, 比如上例中 MD4 算法的充分条件集合经过消息修改后只剩 2 到 6 个, 则搜索一对 MD4 碰撞的复杂度不超过 2^8.

总结整个模差分攻击过程, 可以分为两个阶段, 一个是离线阶段, 一个是在线阶段, 具体描述如下:

(1) 查找压缩函数后部的局部碰撞. 对于 MD4, 是查找第 3 轮的局部碰撞; 对于 MD5, 是查找后两轮, 即找第 3、第 4 轮的局部碰撞. 因为压缩函数越到后部, 差分扩散得越厉害, 所以要先在难的地方找局部碰撞.

(2) 确定消息模差分. 找到局部碰撞后, 根据局部碰撞确定消息模差分. MD4、MD5 的消息扩展只是输入消息的置换, 所以局部碰撞直接决定消息模差分, 而 SHA-0、SHA-1 的消息扩展是输入消息的线性组合, 需要简单推导出消息模差分.

(3) 确定状态模差分路径. 状态模差分路径是消息模差分在杂凑函数压缩函数每步的处理过程产生的中间状态模差分的集合, 由消息模差分确定. 因为压缩过程是顺序处理, 中间状态模差分也是顺序得出的, 所以这些模差分顺序排下来, 就是一条有次序的模差分路径. 一个消息模差分可以推出很多条状态模差分路径, 所以消息模差分与状态模差分路径是一对多的关系.

(4) 确定充分条件集合. 充分条件集合是中间状态具体比特位的值需要满足、达到的条件构成的集合, 只有这个集合满足后, 才有可能使得状态模差分路径成立. 一条状态模差分路径可以推出多个充分条件集合, 所以状态模差分路径与充分条件集合是一对多的关系.

(5) 消息修改. 充分条件集合只是中间状态的条件, 中间状态只是杂凑函数中间的处理结果, 无法直接控制, 要想控制这些中间状态只能通过输入的消息值来控制, 所以消息修改的任务就是通过修改消息来迫使中间状态就范. 一个充分条件集合可以有多重不同的消息修改策略, 所以充分条件集合与消息修改策略是一对多的关系.

  (6) 消息定位. 根据消息修改后的情况, 计算剩余充分条件集合满足的概率, 再根据概率设计搜索空间, 穷举得到消息.

  (7) 计算另一个消息. 把定位消息与消息模差分相加得出另一个消息, 从而得到杂凑函数的一个碰撞对.

第 17 章

杂凑函数的原像攻击和第二原像攻击

鉴于原像攻击和第二原像攻击在技术上有很强的相关性, 本章结合具体杂凑算法, 综合介绍杂凑函数最基本的原像攻击方法和第二原像攻击方法.

17.1 差分攻击

17.1.1 差分集

在第 16 章杂凑函数的碰撞攻击中, 基本思想是寻找一个消息的差分对, 然后定位一个消息, 通过测试两个消息的摘要是否相等来得到一对碰撞, 而在原像攻击中, 差分攻击的基本思想是寻找一个关于初始状态和消息的差分集, 然后定位一个初始状态和消息, 测试给定中间状态是否在差分集的输出状态集中来得到一个伪原像.

例 17.1.1 杂凑算法 MD4 的差分集 [15].

杂凑算法 MD4 的第一轮用的布尔函数是选择函数 $IF(x,y,z) = (x \wedge y) \vee (\bar{x} \wedge z)$, 给定常数 C, 其具有以下性质:

$$IF(x,C,C) = C, \quad IF(0,x,C) = C, \quad IF(1,C,x) = C,$$

第二轮用的布尔函数是择多函数 $MAJ(x,y,z) = (x \wedge y) \vee (x \wedge z) \vee (y \wedge z)$, 其具有以下性质:

$$MAJ(x,C,C) = C, \quad MAJ(C,x,C) = C, \quad MAJ(C,C,x) = C.$$

在 MD4 的第二轮输入选择一个好的中间状态 (Q_{12}, Q_{13}, C, C), 根据 MD4 的状态转移方程

$$Q_{16} = (Q_{12} + MAJ(C,C,Q_{13}) + m_0) <<< 3,$$

改变第 16 步的输入消息 m_0, 会改变 Q_{16}, 注意到

$$Q_{17} = (Q_{13} + MAJ(Q_{16}, C, C) + m_4) <<< 5,$$

则 Q_{17} 不受 m_0 的影响, 可限制其等于常数 C, 于是根据状态转移方程

$$Q_{18} = (C + MAJ(C, Q_{16}, C) + m_8) <<< 9,$$

Q_{18} 也不受 m_0 的影响, 可限制其等于常数 C, 再根据状态转移方程

$$Q_{19} = (C + MAJ(C, C, Q_{16}) + m_{12}) <<< 13,$$

Q_{19} 也不受 m_0 的影响, 可限制其等于常数 C. 到了第 2 步, 因为

$$Q_{20} = (Q_{16} + MAJ(C, C, C) + m_1) <<< 3,$$

所以 Q_{20} 会受 m_0 的影响.

继续这个过程, 通过精心选择, 在改变消息 m_0 的情况下, 只影响状态字 Q_{16}, $Q_{20}, Q_{24}, \cdots$, 因为 Q_{20} 和 Q_{24} 分别受 m_1 和 m_2 的制约, 可以通过修改 m_1 和 m_2 的值来得到一个局部碰撞.

同样地, 在 MD4 第一轮第 4 步前输入选择一个好的中间状态 $(Q_0, Q_1, 1, 1)$, 根据 MD4 的状态转移方程

$$Q_4 = (Q_0 + IF(1, 1, Q_1) + m_4) <<< 3,$$

改变第 4 步的输入消息 m_4, 会改变 Q_4, 注意到

$$Q_5 = (Q_1 + IF(Q_4, 1, 1) + m_5) <<< 7$$

则 Q_5 不受 m_0 的影响, 可限制其等于常数 0, 于是根据状态转移方程

$$Q_6 = (1 + IF(0, Q_4, 1) + m_6) <<< 11,$$

Q_6 也不受 m_0 的影响, 可限制其等于常数 1, 再根据状态转移方程

$$Q_7 = (1 + IF(1, 0, Q_4) + m_7) <<< 19,$$

Q_7 也不受 m_0 的影响, 可限制其等于常数 1. 到了第 8 步, 因为

$$Q_8 = (Q_4 + IF(1, 1, 0) + m_8) <<< 3,$$

所以 Q_8 会受 m_0 的影响.

继续这个过程, 通过精心选择, 在改变消息 m_4 的情况下, 只影响状态字 Q_4, $Q_8, Q_{12}, \cdots$, 因为 Q_8 和 Q_{12} 分别受 m_8 和 m_{12} 的制约, 所以可以通过修改 m_8 和 m_{12} 的值来得到一个局部碰撞.

以这两个局部碰撞分析作为基础, 首先选择初始状态 $(C, Q_{12}, Q_{13}, Q_{31})$, 接着确定相关状态 Q_{32}, 再利用消息 m_1 和 m_2 的自由度简化相关方程, 就可以得到一个大小为 2^{32} 的差分集 (m_0, m_3).

利用这个差分集可以得到一条差分路径: 从 16 步输入消息 m_0 处引入差分, 在 32 步输入消息 m_0 处中和差分, 第 28 步的输入消息 m_3 作为活跃字. 根据这条差分路径, 在差分集中穷尽就只需要 8 步 (第 1 轮的前 4 步和第 3 轮的后 4 步). 最后利用生日攻击思想, 伪原像的复杂度可以减少到原来的 2^{16} 分之一.

17.1.2 伪原像转原像

有了构造伪原像的能力, 就可以从初始状态出发计算若干个中间状态, 再从摘要出发计算若干个伪初态, 若这两个集合个数乘积等于全空间, 则利用一般生日攻击原理, 可以以 63% 的概率得到一个原像, 即有以下结论: 设构造一个伪原像的复杂度为 2^k, 则构造一个原像的复杂度为 $2^{\frac{n+k}{2}+1}$.

例 17.1.2 杂凑算法 MD4 的差分攻击 [15].

基于上例中杂凑算法 MD4 的伪原像攻击复杂度 2^{96}, 以及伪原像转原像的通用方法, 则得到的原像攻击复杂度为 2^{102}.

17.2 中间相遇攻击

17.2.1 长消息第二原像攻击

1984 年, Winternitz 提出了长消息第二原像攻击的方法 [16], 该方法针对的是没有消息填充且具有一定长度消息的杂凑函数, 攻击中用到了广义生日攻击和中间相遇攻击的思想. 攻击过程描述如下.

设杂凑函数的杂凑值长度为 m, 消息分块的个数为 n, 这 n 个消息分块分别记为 $M_1, M_2, \cdots, M_n$ 设 $n-1$ 个中间状态值为 $H_i, i = 1, 2, \cdots, n-1$, 对 $2^m/n$ 个随机的消息块 M', 计算中间状态 $H' = Hash(H_0, M')$, 则根据一般生日攻击原理, 因为两个中间状态集合元素个数的乘积等于 2^m, 所以存在某个 H_i 与某个 H' 发生碰撞的概率为 63%. 碰撞一旦发生, 则得到第二原像如下:

$$Hash(H_0, M', M_{i+1}, \cdots, M_n) = Hash(H_0, M_1, M_{i+1}, \cdots, M_n).$$

攻击复杂度上界分别为 $2 \times 2^m/n(n \leqslant 2^{m/2})$ 和 $2 \times 2^{m/2}(n > 2^{m/2})$.

显然, 当消息填充规则中添加了消息长度参数后, 上述攻击就无效了.

2004 年, Joux 等提出了多碰撞攻击 [17], 其核心结论是: 假设寻找一个碰撞需要 k 次运算, 那么找到 2^n 个消息碰撞到同一个摘要只需要 $n \times k$ 次运算.

2005 年, Kelsey 和 Schneier 利用多碰撞攻击的思想, 为长消息第二原像攻击又焕发了生命力[18], 其核心思想是在计算中间状态 $H' = Hash(H_0, M')$ 时, 不单单使用一个单消息块, 而是构造一个多碰撞的消息集合, 每个碰撞对的消息长度分别为 $(1, 3), (1, 5), (1, 9), \cdots, (1, 2^i + 1)$, 这样就可以根据需要选择合适的长度消息去匹配发生碰撞时原消息的消息长度. 设杂凑函数的杂凑值长度为 m, 原消息长度为 2^k, 则构造一个第二原像的计算复杂度为 $k \times 2^{\frac{m}{2}+1} + 2^{m-k+1}$.

17.2.2 Lai-Massey 中间相遇攻击

1992 年, Lai 和 Massey 给出了将中间相遇思想用到杂凑函数第二原像攻击中的通用方法[16], 具体攻击过程描述如下.

设杂凑函数的杂凑值长度为 m, 消息分块的个数不限, 记初始消息为 $M_1, M_2, M_3, \cdots$, 摘要为 $Hash(H_0, M_1, M_2, M_3, \cdots)$. 假设计算压缩函数的逆需要进行 2^s 次压缩函数运算, 则计算第二原像的复杂度为 $2^{\frac{m+s}{2}+1}$. 其实, 首先选择消息 M_1', 可以向前计算 $2^{\frac{m+s}{2}}$ 个中间状态 H_1', 再选择消息 M_2', 可以向后计算 $2^{\frac{m-s}{2}}$ 个中间状态 G_1', 根据一般生日攻击原理, 因为

$$2^{\frac{m+s}{2}} \times 2^{\frac{m-s}{2}} = 2^m,$$

所以存在某个 H_1' 等于 G_1' 的概率为 63%, 此时得到第二原像如下:

$$Hash(H_0, M_1', M_2', M_3, \cdots) = Hash(H_0, M_1, M_2, M_3, \cdots).$$

攻击的计算复杂度为 $2^{\frac{m+s}{2}+1}$.

17.2.3 Aoki-Sasaki 中间相遇原像攻击

2008 年, Aoki 和 Sasaki 攻击注意到杂凑函数 MD4 的压缩函数采用 Davies-Meyer 结构, 则初始状态 IV 与最后的链接变量 Q_{47} 联系在一起, 则杂凑值 $H = Q_{47}+$IV, 因为杂凑值是已知的, 所以初始状态 IV 与最后的链接变量 Q_{47} 可以互求, 这就意味着整个算法连成了一个圆, 使得中间所有的链接变量都能成为攻击的起始点, 这样就能自由选择攻击的起始点, 也能更好地利用消息扩展算法的低扩散性.

例 17.2.1 杂凑算法 MD4 的中间相遇原像攻击[19].

首先给出中性字的概念. 当一个消息块 A 中的某一个消息字 m_a 值的变化不影响另一个消息块 B 的计算, 也就是 m_a 独立于 B, 那么消息字 m_a 称为消息块 B 的中性字.

利用生日攻击原理, 把消息扩充分成独立的两块, 寻找两块的中性消息字, 然后以两个方向计算: 一个是向前独立计算, 另一个是向后独立计算, 在中间寻找交集.

然后寻找单消息块中性字, 如图 17.1 所示.

步骤	0	1	2	3	4	5	6	7	8	9	10	11	12	13	14	15
索引	0	1	2	③	4	5	6	⑦	⑧	9	10	11	12	13	14	15
	← 第一块 ←								→ 第二块 →							
步骤	16	17	18	19	20	21	22	23	24	25	26	27	28	29	30	31
索引	0	4	⑧	12	1	5	9	13	2	6	10	14	③	⑦	11	15
	→ 第二块 →											跳读				
步骤	32	33	34	35	36	37	38	39	40	41	42	43	44	45	46	47
索引	0	⑧	4	12	2	10	6	14	1	9	5	13	③	11	⑦	15
	跳读		← 第一块 ←													

图 17.1 单消息块中性字

有了 m_7 (m_3 与 m_7 是制约关系) 和 m_8 两个 32 比特消息中性字, 利用广义生日攻击原理, 解决好匹配初始 IV 以及中间链接变量碰撞的问题, 就能以 2^{96} 的复杂度得到 MD4 的一个单消息原像.

习题四

1. 密码学中的杂凑函数是如何定义的?
2. 杂凑函数的基本安全性要求是什么?
3. 杂凑函数的构造方法分为哪几类? 说说区别
4. 通常说的 MD5 家族杂凑函数是什么意思?
5. 杂凑函数的碰撞攻击复杂度是多少? 为什么?
6. 给出生日攻击原理的数学证明, 举例说明生日攻击的应用.
7. 给出一般生日攻击原理的数学证明, 举例说明一般生日攻击的应用.
8. 给出广义生日攻击原理的数学证明, 举例说明广义生日攻击的应用.
9. 杂凑函数的攻击类型有哪些? 请给出这些攻击类型的理论复杂度.
10. 阐述 Winternitz 长消息原像攻击的攻击思想及复杂度分析.
11. 阐述 Lai-Massey 攻击的攻击思想及复杂度分析.
12. 阐述 Joux 多碰撞攻击的攻击思想及复杂度分析.
13. Dobbertin 的碰撞攻击的原理是什么, 攻击过程中采用了哪些技巧?
14. Chabaud/Joux 的碰撞攻击的原理是什么, 攻击过程中采用了哪些技巧?
15. 谈一谈碰撞攻击从 Dobbertin 式发展到 Wang 式的演变规律.
16. Wang 的碰撞攻击的原理是什么, 攻击过程中包括那些基本的步骤?
17. 由伪原像构造原像的原理是什么, 复杂度如何计算?
18. 中间相遇原像攻击的原理是什么, MD4 家族杂凑函数可以进行单消息块中间相遇原像攻击的主要原因是什么?
19. 中间相遇原像攻击主要是挖掘杂凑函数哪个部分的低扩散性? 举例说明其攻击原理.
20. 结合具体攻击过程给出模差分攻击的复杂度分析.
21. 结合具体攻击过程给出中间相遇原像攻击的复杂度分析.

参考文献

[1] Rivest R. The MD4 message digest algorithm// Menezes A J, Vanstone SA. CRYPTO 1990. LNCS, vol. 537 . Heidelberg: Springer, 1991: 303-3311. http://www.ietf.org/rfc/rfc1320.txt

[2] Rivest R. The MD5 message digest algorithm. Presented at the rump session of Crypto' 91, 1991.

[3] Zheng Y, Pieprzyk J, Seberry J. HAVAL: A one-way hashing algorithm with variable length of output, Advances in Cryptology, Auscrypto' 92, LNCS, 1992, 718: 83-104.

[4] Dobbertin H, Bosselaers A, Preneel B. RIPMEMD-160: A Strengthened Version of RIPMMD, Fast Software Encryption, LNCS 1039, 1996.

[5] National Institute of Standards and Technologies, Secure Hash Standard, Federal Information Processing Standards Publication, FIPS-180, May 1993.

[6] National Institute of Standards and Technologies, Secure Hash Standard, Federal Information Processing Standards, Publication FIPS-180-1, April 1995.

[7] National Institute of Standards and Technology (NIST). FIPS-180-2: Secure Hash Standard, August 2002. Available online at http://www.itl.nist.gov/fipspubs/.

[8] Aumasson J P, Henzen L, Meier W, et al. SHA-3 proposal BLAKE, version 1.3 (2008). https://131002.net/blake/4.

[9] Guido B, Joan D, Michaël P, et al. Keccak sponge function familymain document. http://Keccak.noekeon.org/Keccak-main-2.1.pdf.

[10] Merkle R. One way hash functions and DES. Crypto'89. Volume 435 of LNCS, Springer, 1989: 428-446.

[11] Damgård I. A design principle for hash functions. Brassard G. Advancesin Cryptology−CRYPTO' 89. LNCS, vol. 435, Springer, 1989: 416-427.

[12] Dobbertin H. Cryptanalysis of MD5 compress. Session of Eurocrypt, 1996.

[13] Chabaud F, Joux A. Differential Collisions in SHA-0// Krawczyk H, ed. Advances in Cryptology−CRYPTO' 98. vol. 1462, Springer, 1998: 56-71.

[14] Wang X, Lai X, Feng D, et al. Cryptanalysis of the hash functions MD4 and RIPEMD. Cramer, R. Advances in Cryptology−EUROCRYPT2005. LNCS, vol. 3494, Springer, 2005: 1-18.

[15] Leurent G. MD4 is Not One-Way. Fast Software Encryption 2008, Lausanne, Switzerland, LNCS 5086. Springer, 2008.

[16] Lai X, Massey J. Hash functions based on block ciphers. Eurocrypt'93. Volume 658 of LNCS, Springer, 1993: 55-70.

[17] Joux A. Multicollisions in iterated hash functions: Application to cascaded constructions. Crypto' 04. Volume 31252 of LNCS, Springer, 2004: 306-316.

[18] Kelsey J, Schneier B. Second preimages on n-bit hash functions for much less than $2n$ work. Eurocrypt' 05. Volume 3494 of LNCS, Springer, 2005: 474-490.

[19] Aoki K, Sasaki Y. Preimage attacks on one-block md4, 63-step md5 and more// Avanzi R M, Keliher L, Sica F, ed. Selected Areas in Cryptography. 15th International Workshop, SAC 2008, Sackville, New Brunswick, Canada, August 14-15, Revised Selected Papers. Lecture Notes in Computer Science, vol. 5381, Springer, 2008: 103-119. http://dx.doi.org/10.1007/978-3-642-04159-4_7.